Hans-Bernhard Schönborn

DIE DAMPF-SCHNEE-SCHLEUDERN DER RhB

trans press

Einbandgestaltung: Luis dos Santos
Titelbild: Die historische Bernina-Lok Ge 4/4 182 schiebt die Dampf-Schneeschleuder Xrot d 9213 am Lago Bianco entlang.
Foto: Wikimedia Commons/Kabelleger/David Gubler/(CC BY-SA 4.0)
Kleines Bild:
Nach dem ersten Anheizen der vollständig restaurierten R 12 fand eine spontane Probefahrt auf der Furka-Bergstrecke statt.
Foto: Martin Horath, 11.12.2020

Rückseite:
Bild links oben: Das Bild belegt, dass die Stammnetz-Dampf-Schneeschleuder R 12 der Rh. B. 1926 auf der Oberalppass-Linie der FO weilte, hier in Tschamut beim Wasserfassen. Quelle: Archiv RhB/Archiv MGBahn
Bild rechts oben: Zurzeit leisten zwei Gespanne aus einer Schneefräse X rot mt 954 03–04 und einer fernsteuerbaren Infrastruktur-Diesellok Gmf 4/4 234 01–04 als Schiebe-Fahrzeug den Winterdienst auf der Bernina-Strecke. Foto: Hans-Bernhard Schönborn, 15.02.2016
Großes Bild: Bei einer touristischen Extrafahrt sind die Xrot d 9213 und eine Zweisystem-Schiebelok auf dem sogenannten »Western-Brückchen« unterwegs. Foto: Hans-Bernhard Schönborn, 07.01.2008

Bildnachweis:
Die Autoren der zur Illustration dieses Buches verwendeten Aufnahmen stehen bei jedem Bild in der Bildunterschrift.

ISBN 978-3-613-71625-4

Ein Unternehmen der Paul Pietsch Verlage GmbH & Co. KG

1. Auflage 2021

Sie finden uns im Internet unter **www.transpress.de**

Lektor: Hartmut Lange
Innengestaltung und Repro: grafik+design Kornelia Erlewein
Druck und Bindung: Conzella Verlagsbuchbinderei, 85609 Aschheim-Dornach
Printed in Germany

Bei einer touristischen Extrafahrt ist im Hintergrund die Xrot d 9213 am Lago Bianco nahe Ospizio Bernina tätig, während die beiden Triebwagen ABe 4/4 II den einzigartigen Räumer schleppen und den Fahrgästen Platz bieten.
Foto: Wikimedia Commons/Kabelleger/David Gubler/(CC BY-SA 3.0)

Inhalt

Die Zweisystem-Lokomotive Gem 4/4 802 unterstützt die Dampf-Schneeschleuder Xrot d 9213 auf der Bernina-Strecke.
Foto: Wikimedia Commons/Kabelleger/David Gubler/(CC BY-SA 3.0)

Vorwort

Mit voller Kraft bahnt sich eine der beiden Stammnetz-Dampfschneeschleudern den Weg zum Wolfgang-Pass hinauf.
Quelle: Archiv RhB

Liebe Leserinnen, liebe Leser,

die mehr als 100 Jahre alte Dampf-Schneeschleuder Xrot d 9213 hat zahllose Bewunderer, die sich über das kraftstrotzende »Bernina-Ungeheuer« freuen und es auf Fotos, Filme und Videos bannen. In Kürze wird hoffentlich auch ihre nur wenig jüngere Schwester R 12, die sorgfältig und liebevoll restauriert wurde, offiziell die Genehmigung erhalten, ihre Kraft auf der Furka-Bergstrecke zu zeigen.

Aber es gibt und gab neben diesen beiden eindrücklichen Fahrzeugen bei der Rhätischen Bahn (RhB) viele interessante maschinelle Helfer, die dafür sorgten, dass auch im Hochgebirge ein möglichst planmäßiger Winterbetrieb durchgeführt werden konnte. An sie wird im vorliegenden Buch erinnert.

Mein ganz herzlicher Dank gilt Herrn Simon Rageth, der mir mehrmals den Zugang zum Archiv der RhB ermöglicht hat, und Herrn Bernhard Willen, der mir viele sehr interessante Fotos und Informationen zur Verfügung gestellt hat, außerdem den Herren Gian Brüngger, Bernhard Ledermann, Christian Müller und Dr. Markus Strässle für Ihre Informationen und Fotos sowie Herrn Heinz Seyller für ein besonderes historisches Bild. Dass ich wieder auf das Archiv von Herrn Dipl. Ing. Herbert Stemmler zurückgreifen konnte, hat mich sehr gefreut.

Ein herzliches Dankeschön geht auch an die Società Storica Val Poschiavo für zahlreiche Fotos aus den Anfängen der BB sowie an die Herren Beat Moser und Martin Horath für Fotos von der R 12 bei der DFB und eine interessante Führung durch das Fahrzeug.

Ein weiteres Dankeschön gilt den Herren Daniel Geissmann, VHS Luzern, und Justin Comps, SBB Historic, für ihre Informationen zur SBB-Xrot d 100, Herrn Peter Senn für die Informationen zur BLS-Xrot d 9501 sowie Herrn Thibaud Pinna, dem Maschinisten der 1052, für seine Informationen und die Bilder von Herrn Alain Candellero.

Mein besonderer Dank richtet sich an meinen Sohn Julian, der mir bei »computer-technischen« Fragen, so dem Einscannen und Bearbeiten der historischen Fotos, sehr geholfen und wie seine Schwester Marisa einige Bilder beigesteuert hat. Auch bei ihm fangen aufgrund der vielen Foto-Safaris die Schottersteine schon an zu lächeln, wenn sie ihn trotz des Schnees sehen.

Last, but not least sei Herrn Hans-Peter Malisi gedankt, dass er die Entstehung des Buches als interessierter, aber nicht fachgebundener Leser begleitet hat.

Nun wünsche ich Ihnen, liebe Leserinnen und Leser, beim Lesen des Textes und Studieren der Bilder, ebenso viel Freude, wie ich beim Erstellen hatte.

Ludwigsburg, im Sommer 2021

Hans-Bernhard Schönborn

Abkürzungen

Bahnen

ASD	Aigle–Sépey–Diablerets-Bahn
BB	Bernina Bahn / Società per azioni della ferrovia del Bernina
BC	Chemin de fer musée Blonay–Chamby
BFD	Brig–Furka–Disentis(-Bahn)
ChA	Chur–Arosa-Bahn
FAV	Ferrovia dell´ Alta Valtellina
FO	Furka–Oberalp-Bahn (heute MGBahn)
GB	Gotthard-Bahn(gesellschaft)
LD	Landquart–Davos-Bahn
LEB	Lausanne–Echallens–Bercher-Bahn
MGBahn	Matterhorn Gotthard Bahn
Rh. B.	Rhätische Bahn (bis 50er Jahre des 20. Jhdts.)
RhB	Rhätische Bahn (ab 50er Jahre des 20. Jhdts.)
SGLM	St. Georges-de-Commiers–La Mure
VHS	Verkehrshaus der Schweiz in Luzern
VSB	Vereinigte Schweizerbahnen

Firmen

AEG	Allgemeine Elektrizitätsgesellschaft (mit Sitz in Deutschland)
FMB	Force Motrice Brusio
KMB	Kraftwerke Brusio
SAAS	SA des Ateliers de Sécheron, Genève
SBZ	Schweizerische Bauzeitung
SLM	Schweizeirsche Lokomotiv- und Maschinenfabrik, Winterthur
SIG	Schweizerische Industrie-Gesellschaft Neuhausen / Rheinfall

Bestandteile von Betriebsnummern

A	(Abteil) 1. Klasse
B	(Abteil) 2. Klasse
C	(Abteil) 3. Klasse (bis 1956)
D	Gepäckabteil / -wagen
d	Dampf
e	elektrisch
F	Gepäckabteil / -wagen (bis 1956)
f	fernsteuerbar
G	Schmalspurfahrzeug
H / h	mit Zahnrad
k	zweiachsiger Wagen bis 15 t
m	thermischer Antrieb (z. B. Diesel)
rot	rotierend
t	mit Führerstand zur Fernsteuerung des Schiebe-Fahrzeugs
^{4}	vierachsiges Fahrzeug
^{ü}	mit geschlossenem Übergang
X	Dienstfahrzeug
Z	Postabteil / -wagen (bis 1997)

Kleines Wörterbuch

Im Text gibt es einige in der Schweiz übliche Begriffe, die in der deutschen Schriftsprache nicht unbedingt gebräuchlich sind. Im folgenden eine Gegenüberstellung:

Schweizerdeutsch	Schriftdeutsch
Depot	Einstellhalle (mit Unterhalts-möglichkeiten)
Dienstmasse	Dienstgewicht
Extrazug	Sonderzug
Pantograph	Stromabnehmer
Perron	Bahnsteig
Remise	Schuppen, um Fahrzeuge einzustellen
Unterbruch	(Betriebs)unterbrechung
Werkstätte	Werkstatt

Eine Symphonie aus glitzerndem Schnee und Dampf, Sonne und Schatten am Lago Bianco.
Foto: Wikimedia Commons/Kabelleger/David Gubler/(CC BY-SA 3.0)

1. Der Winterdienst bei Rhätischer und Bernina Bahn

Die Bernina-Dampf.Schneeschleuder Xrot d 9213 ist mit einer Zweikraft-Lokomotive bei einer touristischen Extrafahrt unterwegs.
Foto: Wikimedia Commons / Kabelleger / David Gubler / (CC BY-SA 3.0)

1926 weilte die R 12 – geschoben von einer FO-HG 3/4 – nachweislich zu Testfahrten auf der Oberalppass-Linie, hier beim Wasserfassen im mit einer Zahnstange ausgerüsteten Bahnhof Taschmut. Quelle: Archiv RhB / Archiv MGBahn

1.1 Die Landquart–Davos-Bahn (LD)

Graubünden ist mit 7.105 qkm der flächenmäßig größte Kanton der Schweiz, nimmt aber bei einer Bevölkerungsdichte von 28 Einwohner/-innen pro qkm den letzten Platz ein. Als einziger Kanton hat er drei der vier in der Landesverfassung benannten Sprachen: Deutsch, Rätoromanisch und Italienisch. Da Graubünden praktisch vollständig im Gebirge liegt und deshalb auch als »Kanton der 150 Täler« bezeichnet wird, können nur etwa 20 Prozent der Fläche bewirtschaftet werden, und rund 60 Prozent der Einkommen in diesem Kanton stammen aus dem tertiären Sektor, zu dem auch der Tourismus zählt.

Schon seit Urzeiten benutzten verschiedene Stämme die Bündner Täler als Durchgangsrouten nach Italien, und die illyrisch-keltischen Rätier siedelten im heutigen Kantonsgebiet. Unter Kaiser Tiberius (42 vor–37 nach Chr.) eroberten die Römer das Gebiet, machten es zur Provinz »Raetia Prima« und bauten die früheren Saumwege zu Straßen aus, z. B. über den Julier- oder den Septimer-Pass. Während der Völkerwanderungen ließen sich um 400 n. Chr. die aus dem süddeutschen Raum stammenden Alemannen in den tiefergelegenen Tälern nieder, denen im 12. Jhdt. die Valser folgten. Dass sich die Völker aufgrund der schlechten Verbindungswege kaum vermischten, erkennt man noch heute z. B. an den Gebäuden, die im jeweiligen Tal vorherrschen: In der Surselva, der Landschaft Davos, dem Schanfigg (das Tal von Maladers bis Langwies) und Prättigau gibt es viele Streusiedlungen mit Holzhäusern, im Domleschg (östliche Seite des Tales von Rothenbrunnen bis Thusis), Engadin, Münstertal, Oberhalbstein (offiziell »Surses«) und in den italienischsprachigen Tälern sind es jedoch kompakte Dörfer mit Steinhäusern. Die Unterschiede zeigen sich nicht nur in der Siedlungsform, sondern auch in Sprache und Kultur: Während die alemannischen Nachkommen einen deutschen Dialekt sprechen, ist es bei den Rätiern das vom Lateinischen abgeleitete Rätoromanisch, das sich wiederum in fünf Idiome aufteilt.

In der Mitte des 19. Jhdts. gab es verschiedene Alpenbahn-Projekte: Eines davon, eine »Ostalpenbahn«, entwarf der damalige Kantonsingenieur Richard La Nicca (1794–1883), welche die schweizerisch-italienische Grenze beim Splügen-Pass überqueren sollte. Aus strategischen und politischen Gründen wurde dieses Projekt jedoch zurückgestellt. Ein anderes, eine Lukmanier-Bahn Disentis – Biasca unterstützten die Vereinigten Schweizerbahnen (VSB), welche am 01.07.1858 die Normalspur-Strecke Rorschach – Landquart – Chur eröffnet hatten. Schließlich entwarf La Nicca eine Verbindung zwischen den Kantonen Uri und Tessin durch den Gotthard mit einer Zweiglinie nach Disentis, um auch Graubünden anzubinden. Doch alle Projekte unterlagen der direkteren, von einflussreichen Kreisen in Politik und Wirtschaft gewünschten Verbindung zwischen Deutschland und Italien durch den Gotthard, was in Graubünden zu erheblichen wirtschaftlichen Problemen bei den Säumern führte, die sich einen anderen Beruf suchen oder auswandern mussten.

Da eine internationale Verbindung durch Graubünden kaum mehr realistisch erschien, entstanden verschiedene Normalspur-Projekte, um wenigstens einige Täler zu erschließen: 1875 wollte der Tiefbau-Ingenieur und Politiker Simeon Bavier (1825–1896) eine Verbindung Landquart – Prättigau – Davos für 12,5 Mio. CHF bauen, und im gleichen Jahr schlug der Rechtsanwalt Sebastian Hunger (1830–1911) die Linien Chur – Thusis sowie Chur – Ilanz vor. Weitere Ideen – meist von Chur ausgehend – folgten, doch da man sich in den Tälern und bei der Bündner Regierung nicht einigen konnte, wurde keines der Projekte realisiert.

Willem Jan Holsboer, der Gründer und zielstrebige Förderer der Landquart–Davos-Bahn (LD) Bild: Archiv RhB

So blieb es einem gebürtigen Holländer, dem ehemaligen Kapitän zur See und Bankier Willem Jan Holsboer (1834–1898), vorbehalten, die erste touristische Bahn Graubündens durch das Prättigau nach Davos bauen zu lassen. Er war dorthin gekommen, um seine an Tuberkulose erkrankte Frau zu pflegen, gründete das erste Sanatorium im Ort und machte zusammen mit dem aus Deutschland stammenden Arzt Dr. Alexander Spengler (1827–1901) Davos zu einem anerkannten Kurort für Lungen-Krankheiten.

Durch seine Ausdauer und Zielstrebigkeit sowie die Unterstützung von Basler Bankiers gelang es Holsboer, alle Prättigauer Gemeinden für sein Projekt zu interessieren, was mit der Konstituierung eines 17-köpfigen Initiativ-Komitees am 15.08.1886 dokumentiert wurde. Dieses Komitee gründete am 07.02.1887 in Basel die Aktiengesellschaft »Landquart–Davos-Bahn« (LD) mit Sitz in Davos, die ihrerseits Achilles Schucan (1844–1927), den Direktor der normalspurigen Seetalbahn im Kanton Luzern, zum ersten Direktor der LD und den aus Hamburg stammenden Oberingenieur der in Basel ansässigen Eisenbahn-Bank Carl Wetzel (1857–1928) zum Verantwortlichen für die Bauarbeiten wählte.
Nach dem Abstecken der Trasse im Frühjahr 1887 erteilte das Eidgenössische Parlament am 22.08.1887 die Konzession. Die Trasse begann im VSB- (heute SBB-)Bahnhof

Handarbeit zur Schneeräumung und Schadensbeseitigung in der Klus, der »Pforte« zum Prättigau. Quelle: Archiv RhB

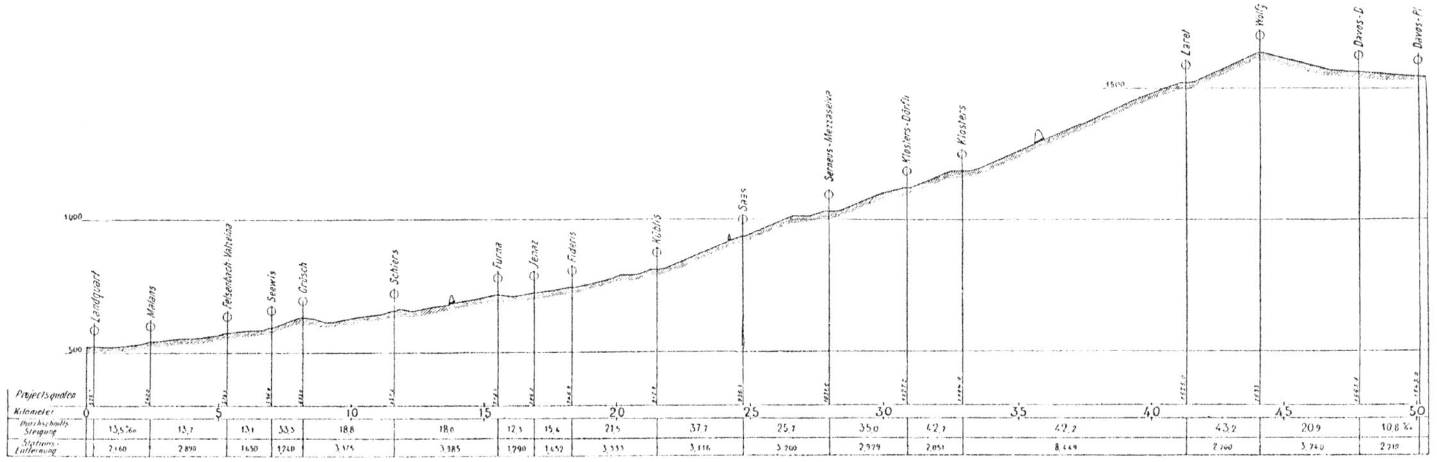

Längenprofil Landquart – Davos

Längenmaßstab 1 : 250.000, Höhenmaßstab: 1 : 25.000

Quelle: SBZ 1890, S. 52; Archiv Herbert Stemmler

Landquart, überquerte den gleichnamigen Fluss, führte durch die Klus, die »Pforte« zum Prättigau, und verlief entlang dem Fluss bis Küblis, wo eine 43-Promille-Rampe nach Klosters begann. In Klosters wurde ein Kopfbahnhof geplant. Es folgte eine 45-Promille-Rampe zum Wolfgang-Pass (Km 43,7; 1625 m ü. M.), nach dem sich die Strecke sanft zum Endpunkt Davos (Km 49,9; 1540 m ü. M.) senkte. Damit war die erste Strecke in der Schweiz geplant, die in eine hochalpine Talschaft vorstieß. Die Bahn sollte ganzjährig und mit einem auch im Winter stabilen Fahrplan in den Kurort Davos fahren. Doch mit einem Winterbetrieb im Hochgebirge hatten in der Schweiz nur die normalspurige Gotthard-Bahn und in Nord-Amerika die »Union Pacific Railway« Erfahrung, letztere aber auch auf Schmalspur-Linien.

Die Betriebsaufnahme auf dem Abschnitt Landquart – Klosters erfolgte am 09.10.1889, die eigentliche Gebirgsstrecke Klosters – Davos über den Wolfgang-Pass wurde am 21.07.1890 dem Betrieb übergeben.

Mit Blick auf geplante Neubau-Strecken, z. B. Landquart – Chur – Thusis, wurde die LD aufgrund der Volksabstimmung vom 23.06.1897 zur »Rhätischen Bahn«, zur »Staatsbahn« des Kantons Graubünden, woraus sich auch eine finanzielle Unterstützung durch den Kanton für die Bahn ergab.

Winterdienst bei der LD

Zur Betriebseröffnung 1889 bestellte die LD bei der Maschinenbau-Gesellschaft in Basel einen größeren, zweiachsigen Schneepflug, der vor allem aus Holz bestand und den Anforderungen erst nach zweimaligem Umbau ab 1892 einigermaßen genügte: Er erhielt u. a. einen anderen Pflug, Seitenraffer und eine geschlossene, heizbare Kabine für das Bedien-Personal.

Allerdings war in den ersten beiden Wintern der Schneefall eher gering, so dass die größeren Bahnräumer reichten, die für den Betrieb im Winter bei allen Dampf-Lokomotiven der

Wohl eines der ältesten Bilder von der LD: Die Dampfloks G 3/4 1, »Rhätia«, und 4, »Flüela«, mit großen, aber unterschiedlich gestalteten Räumern an der Front stehen bei der ursprünglichen LD-Werkstätte in Davos-Platz. Quelle: Archiv RhB

Die Räummannschaft aus Tagelöhnern – auch als »Hilfsschaufler« bezeichnet – arbeitet sich auf mehreren Stufen durch eine Lawine. Quelle: Archiv RhB

LD an der Rauchkammerseite fest montiert wurden. Diese Pflüge hatten eine Höhe von 1,10 m sowie eine Breite von 3,00 m und konnten gut lockeren Neuschnee in einer Höhe von 50 cm bewältigen.

Anfang Februar 1892 waren jedoch die Schneefälle so groß wie seit 1817 nicht mehr: 240 cm in Klosters, 263 cm in Davos Laret. Als am 07.02.1892 dann die Drusatscha-Lawine zwischen Davos Wolfgang und Davos Dorf niederging, reichten alle Pflüge nicht mehr aus: Die Strecke Klosters – Davos war sieben Tage gesperrt und musste mit größerem Personaleinsatz freigeschaufelt werden.

Bis zur Ablieferung des zweiten, beinahe identischen und als R 2 bezeichneten Fahrzeugs im Dezember 1897, das die LD aufgrund des schneereichen Winters 1895/96 (mit Schneehöhen bis zu 2,70 m) bestellt hatte, trug der erste Pflug keine Betriebsnummer und wurde vom Personal wegen der roten Lackierung, die er zeitlebens trug, und dem großen Pflug »Rothschild« (in Anlehnung an den Namen der französischen Bankiersfamilie) genannt. Er erreichte eine Räumbreite von 3,60 m bei einer Höhe von etwa 2,00 m. Er war später in Landquart stationiert und kam für die Räumung der Prättigauer Talstrecke sowie der (geplanten) Neubau-Strecke Landquart – Chur – Thusis zum Einsatz, während der von SLM in Winterthur gelieferte R 2 in Davos Platz beheimatet und für die eigentliche Bergstrecke eingeteilt war. Der R 1 entgleiste im Dezember 1923 in der Station Schiers, fuhr gegen einen Eisenmast und wurde wegen der starken Beschädigungen abgebrochen. 1925 baute die Werkstätte in Landquart den R 1^{II}, in Reichenau-Tamins stationiert wurde.

Übrigens steht das »R« bei den Betriebsnummern für »Räumungsfahrzeug«.

Die Keil-Schneepflüge der LD bzw. Rh. B.

Die von der LD bzw. Rh. B. beschafften Keil-Schneepflüge hatten eine ausgeklügelte Form, die auf den jahrelangen Erfahrungen basierte, die andere Bahnen gemacht hatten. Die ersten Pflüge bei den Gebirgsbahnen z. B. in Österreich oder Ungarn besaßen einen senkrechten Keil, der den Schnee gleichmäßig nach rechts und links wegschieben sollte. Diese Form besaß auch noch der erste, in der eigenen Werkstätte gebaute Pflug der Chur–Arosa-Bahn (ChA) von 1915. Bei nassem oder verdichtetem Schnee bestand jedoch die Gefahr, dass die Räumeinheit wegen des hohen Anpressdrucks stecken blieb oder aus dem Gleis gehoben wurde. Deshalb entwickelte man einen Pflug mit einem flachen, liegenden Keil, der den Schnee zunächst anhob, und zusätzlich mit einem weiter hinten stehenden Keil, welcher den Schnee nach beiden Seiten auswarf. Bei dieser Form erhöhte der auf dem Keil liegende Schnee das Eigengewicht des Pfluges und verringerte dadurch die Entgleisungsgefahr. Außerdem wurde der Schnee erst in einer gewissen Höhe ausgeworfen und bei der entsprechenden Fahrgeschwindigkeit sogar einige Meter weit von dem Lichtraum-Profil »weggeschleudert«. Damit der Schnee über die Oberkante der Pflugschar geschoben wurde und nicht ins Gleis zurückfiel, musste der Pflug eine gewisse Höhe haben, so dass einige Fahrzeuge auch einen Übergang nach vorne hatten, z. B. ein 1916 von der ChA erbauter Pflug, der spätere X 9106 der Rh. B. Alle von der LD bzw. Rh. B. bis 1925 beschafften Schneepflüge hatten diese doppelte Keilform und unterschieden sich nur geringfügig.

Um die Bedienungsmannschaft vor der Witterung zu schützen, besaßen die Pflüge eine geschlossene Kabine mit Stirnfenstern, außerdem ausfahrbare Seitenraffer zur Erweiterung des Räumprofils.

Der Schneepflug R 2, geschoben von einer Dampflok G 3/4, in Davos Laret.

Quelle: Sammlung Christian Müller

Mit der Eröffnung der Albula-Strecke und später der Vorderrhein-Linie in Richtung Disentis wurden von der Rh. B. die Schneepflüge R 3 und R 4 mit einer ähnlichen Bauart in Dienst gestellt, von denen der R 4, später X 9103, bis heute als historisches Fahrzeug erhalten blieb. Der in Reichenau-Tamins stationierte Keil-Pflug wurde bisweilen auch auf der Oberalppass-Linie Disentis – Andermatt der FO eingesetzt, wo er am Oberalppass einen Unfall hatte.

Der Schneepflug wurde aus den Schienen gedrückt und stellte sich quer, im Hintergrund die FO-HG 3/4 3.
Quelle: Sammlung Heinz Seyller

Der Winterdienst in den ersten Jahren der Rh. B.

Im Bereich der Station Davos Laret fielen am 19./20.01.1911 rund 1,30 m Schnee, was eine Gesamthöhe von 2,20 m ergab, so dass oberhalb der Station ein Schneepflug bei einem großen Schneerutsch von den Schienen gedrückt wurde und über die Böschung hinunterrutschte. Verletzt wurde niemand, aber das Fahrzeug konnte erst nach einigen Tagen geborgen werden.

Am 05.03.1911 ging bei km 94 die Alpetta-Lawine nieder und bedeckte die Bahn-Trasse auf einem kürzeren Teilstück mit Schnee von 4,50 m Höhe. Der Unterbruch des Betriebs dauerte nur 1 ½ Stunden, führte aber zum späteren Ausbau der dortigen Lawinen-Verbauungen.

In der Nacht vom 19. auf den 20.02.1916 rutschte die Rütischluocht-Lawine bei Ardüsch südlich von Davos Glaris vom rechten Talhang über den Fluss Landwasser und die Straße auf das höher gelegene Gleis, das sie bei Km 57,6 auf einem etwa 300 m langen Abschnitt mit 3,80 m hohem Schnee bedeckte. Der Betriebsunterbruch dauerte einen halben Tag.

Schneepflug X 9103 und Triebwagen ABe 4/4 501, beides »historische Fahrzeuge«, sind im Bereich des Bahnhofs Samedan mit der Schneeräumung beschäftigt.
Foto: Bernhard Willen, 03.12.2005

Am 03.04.1916 erreichte die Drusatscha-Lawine zum ersten Mal nach 1892 wieder das Gleis und verschüttete es auf einer Länge von 50 m mit Schnee bis zu einer Höhe von 5,50 m.

Die Dampf-Schneeschleudern

Bei starken Schneefällen, Schneeverwehungen oder Lawinen kamen die Schneepflüge relativ schnell an ihre Leistungsgrenzen, aber auch die kurzfristig zusammengestellten Räummannschaften aus Tagelöhnern brauchten ihre Zeit, um die jeweilige Strecke freizuräumen. Deshalb bestellte die Rh. B. 1913 für ihr Streckennetz zwei leistungsstarke Dampf-Schneeschleudern nach dem Vorbild der BB-Räum-Fahrzeuge. Sie wurden als R 11 und R 12 bezeichnet und waren von 1913 bis 1922 in Landquart beheimatet. 1922 kam die R 12 nach Samedan, auch weil im Val Bever wegen der Lawinenniedergänge ein »starker Helfer« benötigt wurde.
1935 wechselte sie nach Davos Platz, von wo aus sie bis in die 50er Jahre im Einsatz stand, bis sie 1968 offiziell ausrangiert wurde. Sie war auch nachweislich auf der Oberalppass-Linie der FO unterwegs, z. B. im Mai 1926.

Nachdem die erste moderne Diesel-Schneeschleuder, Xrot m 9216, abgeliefert worden war, bildeten die beiden Dampf-Schneeschleudern nur noch die »eiserne Reserve«. Nach dem Ablauf der Kesselfristen wurde die R 11 1966 in Samedan abgebrochen, während die R 12 nach einem längeren Aufenthalt in Landquart 1971 von der Museumsbahn Blonay – Chamby (BC) übernommen wurde, deren Strecke samt dem sehenswerten Betriebswerk / Museum oberhalb des Genfer Sees liegt.

Der wichtigste technische Unterschied zwischen den Dampf-Schneeschleudern von BB und Rh. B. war die Tatsache, dass die Fahrzeuge der Rh. B. nicht selbstfahrend waren, weil die Bahngesellschaft über genügend (auch fahrdrahtunabhängige) Schiebe-Fahrzeuge verfügte. Damit bei Rangierfahrten oder der Benutzung von Drehscheiben keine schwierigen Manöver mit den Schiebe-Loks erforderlich wurden, besaßen beide Schleudern einen einfachen Hilfsantrieb, der bei Bedarf eingekuppelt wurde und auf die hintere Achse des vorderen Drehgestells wirkte. Beide Drehgestelle waren nur zweiachsig und besaßen keine Kuppelstangen.

Auf diesem »Typenfoto« der R 11 sind deutlich die zweiachsigen Drehgestelle ohne Kuppelstangen sowie der Hilfsantrieb unter dem vorderen Drehgestell zu erkennen. Quelle: Archiv RhB

»Loks mit großen Schneeräumern«

Im Winter wurden einige Stammnetz-Lokomotiven, aber auch elektrische Loks im Engadin mit einem großen Schneeräumer in Fahrtrichtung vorne ausgerüstet, so dass sie für die Fahrt in der Gegenrichtung fast immer auf einer Drehscheibe gewendet wurden.

G 4/5 106 mit einem Personenzug in Reichenau-Tamins.
Quelle: Archiv RhB

Ge 4/6 391 mit einem Personenzug in Lavin (Engadiner Linie).
Quelle: Archiv RhB

Zwei Ge 6/6 I, vorne Nr. 414 mit großem Schneepflug, vor einem Personenzug.
Quelle: Archiv RhB

Malletlok G 2/3 + 2/3 mit fabrikneuen Wagen in Thusis.
Quelle: Archiv RhB

Ge 6/6 412 auf der Drehscheibe in Landquart mit der imposanten Fahrleitungsspinne. Quelle: Archiv RhB

G 4/5 123 mit einem Personenzug in St. Moritz

Quelle: Archiv RhB

G 4/5 108 in Rückwärtsfahrt vor einem Personenzug Quelle: Archiv RhB

G 3/4 1, »Rhätia«, vor der ehemaligen Werkstätte in Davos Platz Quelle: Archiv RhB

Ge 4/6 391 solo Quelle: Archiv RhB

1.2 Die Bernina Bahn (BB)

Eine Verbindung von Nordbünden nach Venedig über den rund 2.300 m hohen Bernina-Pass gab es schon in der Bronzezeit, wobei die Säumer je nach Jahreszeit bis Poschiavo die Westroute über Cavaglia oder die Ostroute durch das Val Agoné benutzten. Allerdings war die später als »Via San Marco« bezeichnete Route von geringerer Bedeutung als z. B. der Maloja- oder Ofen-Pass.

Zwischen 1847 und 1865 wurde nach Plänen des Bündner Kantonsingenieurs Richard La Nicca die erste Straße über den Bernina-Pass gebaut. Sie ersetzte den nicht befahrbaren Saumpfad und nahm den Weg durch das Val Agoné ins Puschlav bzw. das obere Veltlin. Doch der Winter dauerte in der Pass-Region früher rund acht Monate, und dann mussten die Einwohner des Puschlav den Weg über Mailand und den Gotthard nehmen, wenn sie in den Kantonshauptort Chur wollten, oder auf die Schneeschmelze warten. Deshalb nannte die Bevölkerung das Puschlav auch das »Val Perduta«, das »verlorene Tal«.
Sehr bald nach der Eröffnung der Passstraße wurden planmäßige Postkutschen-Verbindungen eingeführt, aber eine Fahrt von Tirano nach St. Moritz dauerte im Sommer etwa neun Stunden und war nicht besonders bequem. Im Winter gab es u. a. wegen der Lawinenniedergänge keine planmäßigen Reisen, sondern nur solche »auf eigene Verantwortung und Gefahr«.

In der zweiten Hälfte des 19. Jhdts. nahm das touristische Interesse am so genannten »Goldenen Dreieck« St. Moritz – Pontresina – Samaden (später Samedan) sehr stark zu, nicht nur im angelsächsischen Raum, sondern auch in Oberitalien mit der lombardischen Metropole Mailand. Die Gäste stammten aus den eher finanzstärkeren Kreisen, und längere Postkutschen-Fahrten entsprachen nicht gerade ihren Vorstellungen von Reise-Komfort. Und so ist es nicht verwunderlich, dass am 01.07.1903 die meterspurige »Albula-Bahn« eröffnet wurde, die Chur mit St. Moritz verband und größeren Komfort bot. Als Weiterführung der Strecke in Richtung Italien dachte man intensiv über eine »Maloja-Bahn« St. Moritz – Maloja-Pass – Chiavenna nach,

Im unteren Bildteil rechts ist neben den beiden Bernina-Panoramawagen die Straßenbrücke mit der beginnenden Ausfahrt in Richtung Maloja erkennbar, die kurz nach der Brücke endete.

Foto: Hans-Bernhard Schönborn, 28.02.2008

weil der italienische Ort bereits von Mailand aus mit der Bahn erreicht werden konnte und ein anderes Bündner Tal, das Bergell, erschlossen worden wäre. Der frühere Bahnhof in St. Moritz war ja auch als Durchgangsbahnhof angelegt.

Die Orte St. Moritz, Pontresina und Samedan unterstützten zudem Vorschläge für eine lokale Eisenbahn-Verbindung, und 1887 unterbreitete Ingenieur Moritz Buri (1820–1905) das Projekt einer »Engadiner Bahn« St. Moritz – Pontresina durch den Stazerwald.

Bei den Gästen wuchs der Wunsch nach Tagesausflügen in die Bernina-Region mit dem ewigen Eis und den Gletscherseen im Bereich des Hochtales. Manche Hotels boten auch Bergtouren in Richtung Piz Bernina (4.049 m) oder Piz Palü (3.905 m) an, wobei sich eine Anreise mit der Postkutsche als eher umständlich und zeitaufwändig erwies. Und das führte schließlich zu der Idee einer »Bernina-Bahn«.

Die schwierige Gründerzeit

Da der Wunsch nach einer solchen Bahn immer lauter wurde, beauftragte der Direktor des Eidgenössischen Eisenbahn-Departements die Zürcher Firma Froté & Westermann damit, ein Bahnprojekt zu erarbeiten, welches über den Bernina-Pass hinaus auch das Puschlav und das Veltlin anbinden sollte. Die Studie sah ein meterspuriges, elektrisches »Tramway« (Straßenbahn) im Adhäsionsbetrieb von Samedan nach Campo-Cologno (später Campocologno) an der italienischen Grenze vor. Die Trasse sollte in der Nähe bzw. sogar auf der Passstraße verlaufen, einen minimalen Kurvenradius von 15 m und eine maximale Neigung von 100 Promille aufweisen. Es wurde zudem ein reiner Sommerbetrieb geplant.

Um die benötigte, elektrische Energie produzieren zu können, stellte die Baufirma das Gesuch für ein Wasserkraftwerk, welches das Wasser des Lago di Poschiavo und des Flusses Poschiavino nutzen sollte. Die erforderlichen Konzessionen für den Bau und Betrieb je eines Kraftwerks erhielt sie am 17.11.1898 von der Gemeinde Brusio und am 14.05.1899 von der Gemeinde Poschiavo.

Gegen Ende des 19. Jhdts. schlug die deutsche Allgemeine Elektrizitätsgesellschaft (AEG) eine Strecke zwischen St. Moritz und dem Morteratsch-Gletscher vor, die eine Zweiglinie Pontresina – Samedan aufweisen, aber nicht über den Bernina-Pass führen sollte. Wegen dieses Konkurrenz-Projektes überarbeitete die Zürcher Firma ihren Vorschlag noch einmal und erhielt am 22.12.1899 eine 80 Jahre gültige Konzession für den Bau und Betrieb einer elektrischen Eisenbahn Samedan – Campo-Cologno sowie einer Zweiglinie Pontresina – St. Moritz, wobei die Benutzung der Kantonsstraße auf längeren Abschnitten vorgesehen war. Am 12.06.1902 folgte eine auf 60 Jahre befristete Konzession für den Abschnitt Campo-Cologno – Tirano von der italienischen Regierung. Übrigens wurde 1902 die normalspurige Verbindungsstrecke Sondrio – Tirano im oberen Teil des Veltlin eröffnet, welche die »Ferrovia dell´ Alta Valtellina« (FAV) betrieb.

Es gelang Froté & Westermann jedoch nicht, in der vorgegebenen Zeit die erforderlichen Gelder für den Bau zu beschaffen. Deshalb verkaufte die Firma die Konzessionen an die englische »Water Power Ltd.«, welche ihrerseits die Konzessionen an die Elektrizitätsgesellschaft Alioth aus Münchenstein bei Basel weitergab, weil sich diese ebenfalls für das Projekt interessierte. Am 03.11.1903 wurden die Konzessionen von Bahn und Kraftwerk getrennt. Ein Jahr später, am 12.11.1904, entstand in Mailand eine Interessengruppe aus Water Power Ltd., Alioth und der italienischen Società Lombarda per distribuzione d'energia eletrica, die zum einen die Wasserkraft aus dem Lago di Poschiavo und dem Poschiavino nutzen und zum anderen die Bahnstrecke über den Bernina-Pass bauen wollte. Es sollte ein großes Kraftwerk in Campo-Cologno entstehen, welches neben der Bahn auch das Veltlin samt der dortigen Industrie mit Strom versorgen konnte. Weil sich die Beschaffung der finanziellen Mittel erneut schwierig gestaltete, zogen sich die beiden ausländischen Firmen aus dem Bahnprojekt zurück und beschäftigten sich nur noch mit dem Kraftwerksbau. Alioth konnte für das Bahn-Projekt die Eisenbahn-Bank in Basel gewinnen, die nicht nur das nötige Kapitel zur Verfügung stellte, sondern sich auch um die Offerten für den Bau kümmerte.

Am 14.06.1905 wurde die Gesellschaft »Kraftwerke Brusio« (KWB) / »Force Motrice Brusio« (FMB) und am

Noch fährt ein kurzer Dampfzug von Samaden nach Pontresina, hier auf dem künstlich aufgeschütteten Damm bei Punt Muragl, doch die Fahrleitungsmasten stehen bereits; im Hintergrund Samaden mit der reformierten Kirche im Dorfzentrum. Quelle: Archiv RhB

15.09.1905 die »Bernina-Bahn« / »Società per azioni della ferrovia del Bernina« (BB) mit Sitz in Basel gegründet, wobei an beiden Gesellschaften die gleichen Aktionäre beteiligt waren. Die konstituierende Versammlung der BB mit elf Hauptaktionären fand ebenfalls in Basel statt: Das Kapitel wurde auf sechs Mio. CHF festgesetzt, zusätzlich wurden sieben Mio. CHF als Obligationen ausgegeben.

Alioth war für die Stromversorgung der BB, den Bau der Triebwagen und die Einrichtungen des in Campo-Cologno geplanten Kraftwerks zuständig.

Die Teilstrecke Samedan – Pontresina

Da die Konzessionsbedingungen wegen der fehlenden finanziellen Mittel nicht erfüllt wurden, verfiel 1905 die Konzession für die Teilstrecke Samedan – Pontresina. Die Rh. B. nutzte die Gunst der Stunde und stellte ein eigenes Gesuch für eine Konzession, die ihr auch erteilt wurde. Die Strecke ist zwar nur rund sechs Kilometer lang, hat aber eine gewisse Bedeutung, zumal die Gemeinde Pontresina immer wieder darauf hingewiesen hatte, dass sie gerne direkt an die Albula-Strecke angeschlossen wäre.

Deshalb unterstützte sie das Konzessionsgesuch der Rh. B. und beteiligte sich auch finanziell am Bau der Strecke über die »Champagna«, eine Ebene zwischen Pontresina und Samedan. Keinen Gefallen an den Bemühungen von Pontresina hatte hingegen die Gemeinde Samedan, die gerne der Ausgangspunkt der Bernina-Strecke geworden wäre.

Der Bau der Bernina-Strecke

Für die Linienführung zwischen St. Moritz und Campo-Cologno wurden verschiedene Studien erstellt, wobei die zuständigen Behörden, das Eisenbahn-Departement und der Kanton, immer wieder Korrekturen verlangten, so dass sich die Baukosten von 15 auf 18 Mio. CHF erhöhten.

Die BB wurde als reine Touristenbahn mit Sommerbetrieb geplant, und so sollte die Strecke zu den bekannten und spektakulären Aussichtspunkten führen, wenn dies die Sicherheitsbestimmungen zuließen. Deshalb wählte man auch die Streckenführung über Alp Grüm und Cavaglia.
Im Frühling und Sommer 1906 erfolgte der Ankauf der benötigten Grundstücke, notfalls kam es auch zu Enteignungen von Privatgrundstücken, während die Gemeinden die in ihrem Besitz befindlichen Parzellen kostenlos zur Verfügung stellten. Mit den Arbeiten an der Trasse, der Infrastruktur und den Hochbauten wurde die Basler Firma Alb. Buss & Cie. beauftragt.
1906 ging die erste Kraftwerkszentrale in Betrieb, deren zwölf Turbinengruppen samt den dazu gehörenden Generatoren eine Gesamtleistung von 37.500 kW erbrachten. Es war das zu jener Zeit größte und leistungsfähigste Kraftwerk Europas.

Während zeitweise an den Einbau einer Zahnstange zwischen Poschiavo und Alp Grüm gedacht worden war, senkte die Firma Buss in ihrem letzten Vorprojekt, das aus Kostengründen mit möglichst geringen Erdbewegungen auszukommen versuchte, die Neigung von 85 auf 70 Promille, was die geplanten Triebwagen in Adhäsion gerade noch bewältigen konnten. Außerdem wurden die Ausweichgleise in den Stationen von 45 auf 90 m verlängert und der minimale Kurvenradius auf 45 m festgesetzt.

Der repräsentative Bahnhof in Pontresina ist vollständig mit einer Fahrleitung der BB überspannt. Auf Gleis 1, dem einzigen mit einem überdachten Perron, steht ein Dampfzug, der über die Champagna nach Samaden fahren wird.
Quelle: Archiv RhB

Schließlich verzichtete man auch auf die Spitzkehren in Pontresina und Cavaglia. Die Strecke war nun 59,05 km lang, wovon 2,6 km auf italienischem Staatsgebiet lagen. Die Kosten für die Grundausstattung an Rollmaterial wurden auf 12 Mio. CHF geschätzt:

14 Personen-Triebwagen BC[4], der Gepäck-Triebwagen F[2],
10 Personenwagen BC,
2 Gepäck- / Postwagen FZ,
insgesamt 26 Güterwagen,
2 Dienstwagen und 1 Schneepflug.

Die Trassierungsarbeiten begannen am 16.07.1906 gleichzeitig zwischen Pontresina und Morteratsch auf der Nordseite sowie entlang des Lago di Poschiavo auf der Südseite. Es wurden etwa 2.500 vor allem aus Italien stammende Arbeiter eingesetzt, die mit einfachstem Werkzeug – Spitzhacken und Schaufeln – ausgerüstet waren. Die Bauarbeiten leitete der gebürtige Niederländer Dirk Nachenius (1860–1930), bis 1911 auch Direktor der KWB, der von den Oberingenieuren W. Siegrist (Nordseite) und E. Bosshard (Südseite) unterstützt wurde. Die Baubüros befanden sich in Pontresina (Nordseite) und Poschiavo (Südseite). Trotz mancher Schwierigkeiten – so mussten die Bauarbeiten im Winter wegen der niedrigen Temperaturen und des starken Schneefalls unterbrochen werden, und das Dynamit hatte die unangenehme Eigenschaft, bereits bei Temperaturen von minus 10 Grad unkontrolliert zu explodieren, was Menschenleben kostete – konnte der Zeitplan eingehalten und die Strecke in Etappen in Betrieb genommen werden:

Poschiavo – Tirano (01.07.1908),
Pontresina – Morteratsch (01.07.1908),
Morteratsch – Bernina Häuser (18.08.1908),
Celerina Staz – Pontresina (18.08.1908),
St. Moritz – Celerina Staz (01.07.1909),
Bernina Häuser – Bernina Hospiz (01.07.1909),
Bernina Hospiz – Poschiavo (05.07.1910).

Es war ein Schienenweg entstanden, der als einziger die Alpen ohne Scheiteltunnel überquerte – eine nicht unerhebliche Schwierigkeit für den späteren Winterdienst. 88 Prozent der Gesamtstrecke entfielen auf geneigte Abschnitte, davon 54 Prozent auf Neigungen über 30 Promille, und rund 27 Strecken-Km, also beinahe die Hälfte der Linie, wiesen ein 70-Promille-Gefälle auf, eine Herausforderung für reine Adhäsionsfahrzeuge. Damit ist die Bernina-Strecke eine der steilsten der Welt. Auch die Kurvenverhältnisse sind außerordentlich, denn 42 Prozent der Strecke liegen in Kurven, davon 30 Prozent mit einem Radius von weniger als 200 m.

Um den Anliegen der Naturschützer entgegen zu kommen und die Ruhe des Stazerwaldes zwischen St. Moritz und Pontresina zu erhalten, wurde die ursprünglich geplante Strecke durch den 689 m langen Charnadüra-Tunnel ersetzt (Km 0,5), der zwischen November 1907 und Januar 1909 im Sprengvortrieb entstand. Es ist der einzige Tunnel auf der Nordrampe und der längste der gesamten Strecke.

Die Südrampe, die bei »Scala« (Km 24,4) begann, überwand mit einer nahezu durchgehenden Neigung von 70 Promille einen Höhenunterschied von beinahe 1.200 m. Sie sollte einerseits die Naturgewalten umfahren, andererseits bereits bestehende touristische Attraktionen erschließen sowie die Möglichkeiten zum Bau und Unterhalt von Kraftwerksanlagen schaffen. Die Trasse musste von der »Luftlinie« von 7,5 km künstlich auf eine Länge von 17,6 km verlängert werden, was aber einen durchgehenden Adhäsionsbetrieb ermöglichte, also das Fahren und Bremsen ausschließlich mit der Reibung von Rad und Schiene. Dafür wurden die dreifache Traversierung des Steilhangs von Alp Grüm, die Schleifen von Scala und Stablini, La Dota und Val Pila sowie die fünffache Traversierung des Hanges von Cadera erforderlich. Die Schleife von Scala war offensichtlich durch die Lage der südlichen Staumauer des Lago Bianco bedingt, die S-förmige Trassierung und die Anlage der Kurve durch den Wunsch, den nötigen Höhengewinn ohne größere Erdbewegungen möglichst kostengünstig zu erreichen. Also war die fantastische Aussicht nach Süden, welche die Fahrgäste sehr erfreute, die Folge und nicht die Ursache der Scala-Kurve. Da die starken Schneeverwehungen einen Winterbetrieb (fast) unmöglich machten, wurde bereits 1911 die Galerie Scala (Km 24,4) aus Stahlprofilen und ausbetonierten Seitenwänden sowie einem Dach aus Wellblech angelegt, um die Strecke zu schützen. Die alte Strecke schloss man mit Weichen an, sie diente bis 1941 im Sommer als Gleis für verlegte Zugskreuzungen mit einer außerordentlich schönen Aussicht auf das Puschlav.

Triebwagen AB⁴ 5 passt nur knapp zwischen die meterhohen Schneewände, in denen selbst die Fahrleitungsmasten verschwinden. Quelle: Archiv RhB

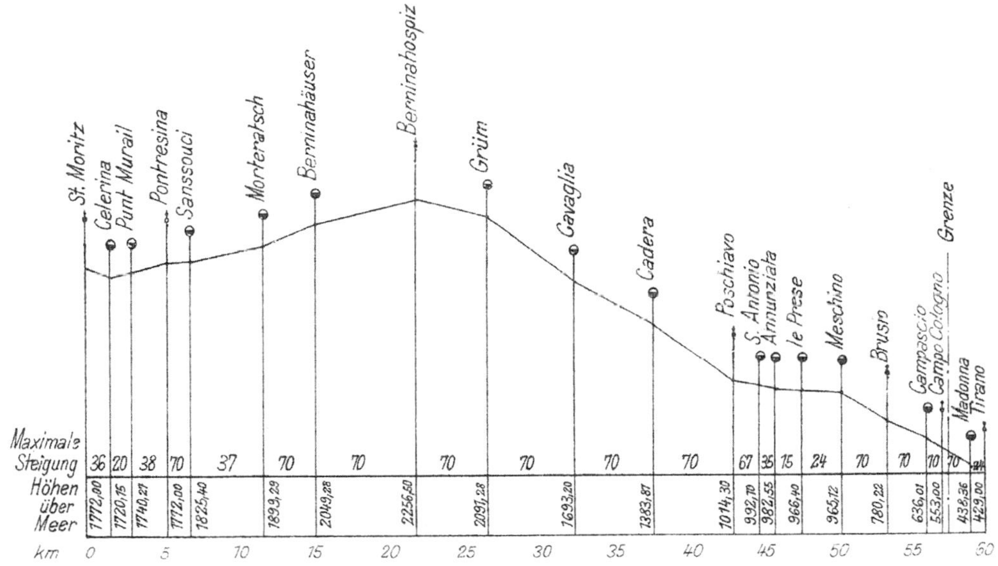

Längenprofil St. Moritz – Tirano Längenmaßstab: 1 : 625.000, Höhenmaßstab: 1 : 62.500 Quelle: Elektrische Kraftbetriebe und Bahnen, 1909; Archiv Herbert Stemmler

1923/24 kam eine weitere Trassenkorrektur mit einem hohen Damm und einer Brücke hinzu, welche den Streckenabschnitt um 216 m verkürzte, aber zu Baubeginn die finanziellen Möglichkeiten überstiegen hätte.

Es wird daran gearbeitet, die Strecke bei Scala vor Schneeverwehungen zu schützen. Quelle: Archivio fotografico Luigi Gisep / Società Storica Val Poschiavo

Die Verbindungsweiche zwischen der alten und neuen Strecke bei Scala wird freigelegt und auf ihre betriebliche Sicherheit inspiziert.
Quelle: Archivio fotografico Luigi Gisep / Società Storica Val Poschiavo, 1910

ABe 4/4 II 41 ist (zusammen mit dem nicht sichtbaren ABe 4/4 II 42) in den Charnadüra-Tunnel eingefahren.
Foto: Hans-Bernhard Schönborn, 26.08.2010

30
35

Ein Regionalzug, geführt von dem Triebwagen ABe 4/4 II 46 und der Zweisystem-Lokomotive Gem 4/4 801, fährt über den Kreis-Viadukt in Brusio talwärts in Richtung Tirano.

Foto: Hans-Bernhard Schonborn, 20.08.2008

Die Südrampe beginnt mit dem 190 m langen Scala-Tunnel (Km 25,2) sowie dem 45 m langen Pozzo del Drago, dem »Drachenloch« (Km 25,8), die durch die Galerie Sassal Masone zur 631 m langen »Galleria Lunga« verbunden wurden. Vor allem auf dem Abschnitt Alp Grüm – Poschiavo gibt es zahlreiche weitere Kunstbauten:

Km 27,9	Palü-Kehrtunnel	254 m lang
Km 28,7	Stablini-Tunnel	289 m lang
Km 30,1	Val Pila-Kehrtunnel	227 m lang
Km 33,8	Puntalto-Tunnel	46 m lang
Km 35,8	Oberer Varuna-Kehrtunnel	148 m lang
Km 38,8	Unterer Varuna-Kehrtunnel	147 m lang
Km 40,2	Oberer Cavagliasco-Tunnel	32 m lang
Km 40,3	Cavagliasco-Brücke I (ein Bogen)	30 m lang
Km 40,4	Balbalera-Kehrtunnel	121 m lang
Km 40,7	Cavagliasco-Brücke II (ein Bogen)	30 m lang
Km 40,7	Unterer Cavagliasco-Tunnel	20 m lang
Km 40,7	Lehnen-Viadukt mit zwei Bogen	25 m lang

Nicht unerwähnt lassen darf man den berühmten Kreis-Viadukt bei Brusio (Km 54,8), das Wahrzeichen der Bernina-Strecke: Er entstand, weil einerseits das Gestein recht instabil war und keinen Spiraltunnel erlaubte, andererseits das relativ enge Tal ein starkes Gefälle aufweist. Der insgesamt 110 m lange Stein-Viadukt überwindet einen Höhenunterschied von 12 m, weist neun Öffnungen von je 10 m in einer Kurve mit einem 70-m-Radius und einem 70-Promille-Gefälle auf. Das untere Gleisniveau ist durch die vierte Öffnung des Viadukts trassiert.

Der Betrieb in den ersten Jahren

Ab 1908 verkehrten die Züge auf dem südlichen Abschnitt Poschiavo – Tirano ganzjährig, und zwar im Sommer acht, im Winter sieben Zugpaare. Auf der Nordseite, der so genannten »Engadiner Ausflugsbahn«, waren im Sommer 16 Zugpaare zwischen Celerina Staz und Bernina Häuser (heute Bernina Sout) unterwegs, im Winter sieben, wobei der Betrieb auf diesem Abschnitt vom 30.09. bis 20.12. ruhte. Nachdem 1909 die Verlängerung bis Bernina Hospiz in Betrieb gegangen war, wurde der Andrang der Tagestouristen bisweilen so groß, dass die Züge verstärkt und mit Doppel-Traktionen geführt werden mussten, so dass es beim Einsatz der Triebwagen BCe[4] zu Engpässen kam. Da die Triebwagen noch keine Fernsteuerung besaßen, kamen bei Doppel-Traktionen auch zwei »Wagen-Führer«, wie die Bezeichnung bis in die 1970er Jahre lautete, zum Einsatz. Sowohl auf der Nord- (Pontresina) als auch auf der Südseite (Poschiavo) gab es eine Werkstätte mit Einstellhalle. Wegen des niedrigeren Lohnniveaus im Puschlav wurde Poschiavo zur »Haupt-Werkstätte« ernannt. Für die Schneeräumung stand der BB ab 1908 der Keilpflug X zur Verfügung, der 1912 die Bezeichnung X 1001 erhielt, also die damals höchste Zahl. Das Fahrzeug war etwa 14 t schwer und 5,40 m lang, die Räumbreite betrug 2,50 – 3,00 m. Eine Kabine für das Bedien-Personal fügte man erst später an.

1978 wurde der Keilpflug an die FO verkauft und dort auch auf Fernsteuerung durch ein Schiebe-Fahrzeug umgebaut, so dass man die Kabine wieder entfernte. Die Bezeichnung lautete nun X 4905. 2016 erfolgte der Abbruch durch die MGBahn

Der ehemalige X 1001 der BB steht umgebaut als X 4905 der FO auf einem Abstellgleis des Meterspur-Bahnhofs in Brig. Foto: Hans-Bernhard Schönborn

Außerdem konnten an die offenen Plattformwagen L 301–310 größere Pflüge und vier Spurpflug-Einrichtungen angebaut werden, die bei Hindernissen, Bahnübergängen oder Weichen, durch zwei Hebel angehoben wurden, wobei jeden Hebel eine Person bedienen musste. Zunächst stand das Personal auf den Wagen im Freien, später baute man in der Werkstätte Poschiavo einen Wetterschutz auf. Diese einfachen Fahrzeuge kamen bereits im Winter 1908/09 zum Einsatz, damit die BB überhaupt bis Bernina Häuser fahren konnte, sie genügten aber den Anforderungen bei größeren Schneemengen nicht.
Da im Engadin der Wintertourismus schnell stark an Bedeutung zunahm, was den Wunsch von Tagesausflü-

Der Keilpflug mit seinem sehr luftigen Arbeitsplatz wird bei Arlas von Skiwanderern bewundert. Quelle: Archivio fotografico Luigi Gisep / Società Storica Val Poschiavo, 1910

Ein Niederbordwagen, an den ein Schneepflug angebaut wurde, steht am 13.05.1910 bei Las Plattas im Einsatz. Quelle: Archivio fotografico Luigi Gisep / Società Storica Val Poschiavo

Der an einen Niederbordwagen angebaute Spurpflug (X 9128) wird in Bernina Sout bestaunt, auf dem Wagen zwei kleine Häuschen für das Personal.
Foto: Peter Willen, 12.02.1961

Ein Konvoi von Pferdeschlitten neben der (noch) nicht geräumten Bahnstrecke bei Arlas. Quelle: Archivio fotografico Luigi Gisep / Società Storica Val Poschiavo

gen in die Bernina-Region nach sich zog, verlängerte die Bahn probeweise in der Wintersaison 1909/10 ihre Züge von Bernina Häuser bis Bernina Hospiz. Wenn keine Züge verkehren konnten, kamen ersatzweise Pferdeschlitten zum Einsatz. Außerdem hatte sich der BB im Sommer und Herbst 1909 die Chance gezeigt, durch einen Güterverkehr, der auch im Winter interessant wäre (z. B. Kohle und Wein), ihre Einnahmen zu verbessern.

Im Winter 1909/10 gab es keine größeren Schwierigkeiten, trotzdem ließ die BB 1909 bei Arlas (Km 19,9) nahe dem Lej Nair als erste Galerie auf der Strecke eine 175 m lange Windschutz-Galerie bauen. Damit die Strecke befahrbar blieb, wurden den Triebwagen bisweilen offene Schneepflüge vorgestellt, aber nach Verwehungen oder Lawinen-Abgänge war Handarbeit angesagt.

Die Dampf-Schneeschleudern G 2 x 3/3 1051–52

Aufgrund der Erfahrungen aus den ersten beiden Wintern entschloss sich die Direktion der BB, bei SLM in Winterthur eine selbstfahrende Dampf-Schneeschleuder G 2 x 3/3 zu bestellen – selbst fahrend und Dampf deshalb, weil die BB keine fahrdrahtunabhängigen Triebfahrzeuge besaß, welche die Schleudern hätten schieben können. Denn die

Die Räummannschaft arbeitet sich mühsam per Handarbeit durch die Lawine »Dicke Marianna«, aber die neue, starke Unterstützung, eine Dampf-Schneeschleuder, naht schon, wie man am aufsteigenden Rauch sieht.
Quelle: Archivio fotografico Luigi Gisep / Società Storica Val Poschiavo

beiden kleinen, zeitweise beim Bau verwendeten Dampfloks G 3/3 1, »Basel«, und 3, »Birsig«, gehörten der Baufirma und waren als ursprüngliche »Tramway«-Loks zu leistungsschwach. Trotzdem waren die Schleudern fast immer mit elektrischen Schiebe-Fahrzeugen unterwegs, damit die gesamte Leistung des Fahrzeugs auf das Schleuderrad wirken konnte. Die erste Schneeschleuder wurde im Dezember 1910 an die BB abgeliefert und in Pontresina stationiert.

Der Direktion erschien das regelmäßige Räumen der Strecke mit einer Schleuder effizienter und kostengünstiger, als die Strecke mit großem Aufwand im Frühjahr wieder befahrbar zu machen, da die Schneeschichten, die bis-

Eine der beiden Tramway-Dampfloks mit einem Flachwagen als Bauzug auf der gerade fertiggestellten Cavagliasco-Brücke II.
Quelle: Archivio fotografico Luigi Gisep / Società Storica Val Poschiavo

weilen hart wie Beton wurden, an manchen Orten durch Verwehungen oder Lawinen weit über die Dächer der Fahrzeuge hinausragten. Außerdem konnte die Öffnung der gesamten Strecke anfangs erst für den Juli garantiert werden, doch nach dem Einsatz der Schleudern erfolgte sie mehrere Wochen früher, was sich auf die Einnahmen positiv auswirkte.

Die erwarteten Einsparungen, die sich durch eine regelmäßige Räumung ergaben, erlaubten es nach Ansicht der Direktion, eine zweite Dampf-Schneeschleuder zu bestellen, die im Januar 1913 bei der BB erschien und in Poschiavo stationiert wurde.

Die erste Dampf-Schneeschleuder der BB – noch ohne Anschriften – auf einer Testfahrt in Ospizio Bernina. Quelle: Archivio fotografico Luigi Gisep / Società Storica Val Poschiavo (1911)

Zwei Brücken bei der Station Morteratsch, rechts die noch nicht eingebaute stärkere, die auch der Belastung durch die Dampf-Schneeschleudern standhalten soll.

Quelle: Archivio fotografico Luigi Gisep / Società Storica Val Poschiavo

Wegen der hohen Achslast der Fahrzeuge mit einem Dienstgewicht einschließlich Tender von 63,5 t mussten sämtliche Brücken verstärkt oder sogar ausgetauscht werden, z. B. diejenige über die Ova da Morteratsch nahe der gleichnamigen Station. Außerdem wurden in Bernina Hospiz und Pontresina zwei Drehscheiben mit einem Durchmesser von 14 m eingebaut, um die Fahrzeuge wenden zu können. 1911 kam eine Drehscheibe in Alp Grüm hinzu, und 1913 wurden Wasserkräne und Drehscheiben in Poschiavo und Bernina Häuser errichtet. 1923 erhielt Pontresina eine neue Drehscheibe beim Depot. Wegen der Lawinengefahr wurden zwei Jahre später die Drehscheiben in Bernina Hospiz und Bernina Häuser überdeckt.

Xrot d 9213 wird auf der gedeckten Drehscheibe in Bernina Häuser, heute »Bernina Sout«, gewendet. Quelle: Archiv RhB

Xrot d 9213 wird bei einer touristischen Fahrt am 16.02.2006 auf der gedeckten Drehscheibe in Ospizio Bernina gewendet. Foto: Bernhard Willen

Ein Konvoi aus Pferdeschlitten auf der neuen Trasse Alp Grüm – Cavaglia, im Hintergrund ein Eisenbahn-Tunnel, der mit einem Portal aus Schnee verlängert wurde.
Quelle: Archiv RhB

Auch im Zweiten Weltkrieg wurden Soldaten, die am Bernina Pass ihren Aktiv-Dienst leisteten, zur Schneeräumung eingesetzt.
Quelle: Archivio fotografico Luigi Gisep / Società Storica Val Poschiavo (1940)

Erweiterung des Winterbetriebs

Dank eines recht milden Herbstes musste der Streckenabschnitt Bernina-Hospiz – Alp Grüm erst am 10.11.1910 geschlossen und konnte aufgrund des Einsatzes der neu erworbenen G 1051 bereits am 18.05.1911 wieder geöffnet werden.
Im Winter 1911/12 wurden die Züge – wenn es die Schneeverhältnisse zuließen – bis Alp Grüm verlängert, wobei die Dampf-Schneeschleuder erneut gute Dienste leistete. Da die Züge auf der Südrampe bis Cavaglia verkehren konnten, richtete man auf dem alten Passweg bzw. der neuen Bahntrasse einen Pendelverkehr Alp Grüm – Cavaglia für Post, Personen und Güter mit Pferdeschlitten ein.

Während der Betrieb in den folgenden Wintern ohne größere Schwierigkeiten aufrechterhalten werden konnte und die Pferdeschlitten höchstens an einzelnen Tagen eingesetzt werden mussten, gab es 1915/16 größere Störungen durch starke Schneefälle, die Rekordhöhen bis zu 520 cm erreichten. Hinzu kamen zahlreiche Lawinen-Niedergänge zwischen Surovas und Bernina Häuser, darunter die gefürchtete Lawine aus dem »Laviner grond«. Da das Militär einen Bahnbetrieb im Winter wünschte, halfen die Soldaten, die in der Region ihren Aktiv-Dienst wegen des Ersten Weltkriegs leisteten, beim Räumen der Strecke und Beheben von Schäden. Auch im Winter 1918/1919 waren größere Schwierigkeiten zu verzeichnen, während ein Jahr später jeden Tag mindestens ein Zug geführt werden konnte. Im Winter 1919/20 herrschten eher wieder ungünstige Witterungsbedingungen.

Mitglieder der Betriebsführung der BB besichtigen die schwer beschädigten Fahrzeuge, welche die Lawine von den Schienen gerissen hatte.

Quelle: Archivio fotografico Luigi Gisep / Società Storica Val Poschiavo

Das schwere Lawinen-Unglück am Piz Lagalb

Zum ersten und einzigen sehr schweren Unglück bei der BB kam es am 16.03.1920, als eine Lawine vom Piz Lagalb nahe der Arlas-Galerie (Km 18,7) den ersten Zug in Richtung Bernina Hospiz, der aus der Dampf-Schneeschleuder G 1051, den schiebenden Triebwagen BCe4 1 und BCFe4 23 sowie einem Post-/Gepäckwagen bestand, erfasste und von den Schienen in die Tiefe riss. Durch den heißen Dampf, der unkontrolliert im Inneren des Fahrzeugs austrat, wurden der Schleuder-Führer und der Heizer der Schneeschleuder sowie sechs weitere Mitarbeiter der BB getötet. Die Bergungsarbeiten nahmen mehrere Tage in Anspruch.

Die schwierige Bergung der Dampf-Schneeschleuder.

Quelle: Archivio fotografico Luigi Gisep / Società Storica Val Poschiavo

Während der Betrieb in den folgenden vier Wintern ohne nennenswerte Probleme durchgeführt werden konnte, gab es am 01.02.1925 zwischen Bernina Häuser und Bernina Hospiz wegen Neuschnees, Stürmen und Lawinen einen viertägigen Unterbruch.
1928 erforderte dann ein Schneesturm am 20. Mai den Einsatz beider Dampf-Schneeschleudern, damit die Strecke offengehalten werden konnte.

Die Dreißigerjahre

Durch die Weltwirtschaftskrise und schlechte Witterungsbedingungen – auch im Sommer – sanken die Fahrgastzahlen bei der touristisch ausgerichteten BB erheblich, außerdem war der Güterverkehr rückläufig, weil die (Kraftwerks-)Baustellen beendet worden waren und die Heizöl-Transporte aus Norditalien zu den St. Moritzer Hotels als Kompensation nicht ausreichten. Und so kündigte die Betriebsdirektion der BB vorsorglich Ende September 1931 ihrem gesamten Personal für den nächst zulässigen Termin, weil im kommenden Winter der Betrieb, zu dem die Bahn konzessionsmäßig nicht verpflichtet war, vollständig eingestellt werden könnte. Zunächst sprangen die Post, die ihre Post-Transporte der BB übergeben hatte, und der Kanton Graubünden mit Subventionen ein, in einem zweiten Schritt der Bund, als Gegenleistung wurde 1933 der Ganzjahresbetrieb in die Konzession aufgenommen. Um eine langfristigere Lösung zu finden, diskutierten die politischen Gremien des Kantons auch eine Integration der BB in die Rh. B.

Zu Jahresbeginn 1932 führte unbeständiges Wetter zu erheblichen Problemen. Im März 1934 musste der Betrieb zwischen Pontresina und Poschiavo dreieinhalb Tage eingestellt werden, und am 22.03.1934 stürzte die gefürchtete Lawine »Dicke Marianna« bei Bernina Häuser zu Tal. Sie erfasste einen Räumzug, bestehend aus einem Spurpflug und zwei Triebwagen. Ein Vor- und ein Linienarbeiter der BB, die auf dem Pflug standen, verloren ihr Leben.

Am 28.05.1934 begannen zwischen Bernina Häuser (Km 17,6) und dem Ende der Nordrampe beim Lej Nair (Km 20,3) die Arbeiten an einer neuen Trassenführung über die Alp Bondo, welche auf der westlichen Seite der Passebene lag und damit in sicherer Entfernung von den Lawinen des Piz Lagalb. Ab 06.11.1934 verkehrten die Züge (im Winter) über den neuen Streckenabschnitt, während die alte Trasse noch bis 1943 im Sommer benutzt wurde.

Am 04./05.12.1934 fanden bei Morteratsch und Bernina Häuser erstmals Versuche mit vom Militär geliehenen Infanterie-Kanonen, Gebirgs-Geschützen und Minenwerfern statt, um zum Schutz der Fahrgäste und des Personals Lawinen gezielt künstlich auszulösen, was sehr gute Resultate erbrachte. Da sich die Bedienung des Minenwerfers als einfacher und die Munition als preisgünstiger erwies, benutzte man diese Geräte, um die Hänge von der schweren Schneelast zu »befreien«, wenn keine Züge in der Nähe waren. Dabei mussten die Abrisskanten der Lawinen genau getroffen werden.

Weitere problematische Winterdienste

Vom 23. bis 27.02.1935 musste der Betrieb auf dem Abschnitt Pontresina – Poschiavo wegen Lawinengefahr und Schneerutschen eingestellt werden. Etwa ein Jahr später, nämlich vom 05. bis 07.02.1936 bzw. 04./05.03.1936, führt ein starker Nordsturm mit Schneeverwehungen bzw. Lawinen zu Problemen.

Das Lawinenunglück bei Alp Grüm

In der Nacht vom 28.02./01.03.1937 ereignete sich ein tragisches Lawinenunglück unterhalb von Alp Grüm: Ein starker Schneesturm behinderte den Betrieb auf der Passhöhe, trotzdem hatte der voll besetzte Zug 29, zwei Triebwagen mit einem vorangestellten Schneepflug, Alp Grüm in Richtung Poschiavo verlassen, nachdem die Kreuzung mit einem wegen der Schneefälle stark verspäteten Gegenzug erfolgt war. Wenige Minuten später löste der Zug auf der zweiten Lage der Strecken-Entwicklung nahe dem Palü-Kehrtunnel (Km 27,9) einen Schneerutsch aus, der die Lage darunter verschüttete, so dass der Zug in den selbst ausgelösten Schneerutsch hineinfuhr und anhalten musste. Die Rückfahrt nach Alp Grüm misslang, weil ein Triebwagen einen Kabel-Brand erlitt und den gesamten Zug blockierte.

Zur Probe wird von Ospizio Bernina aus mit einem Minenwerfer der Schweizer Armee auf einem gefährdeten Hang eine Lawine »abgeschossen«; das Zielgebiet muss genau beobachtet werden.
Quelle: Archiv RhB

Die von der harten Arbeit gezeichnete Xrot d 9214 mit Schiebe-Triebwagen in grüner Lackierung in Alp Grüm.
Foto: Peter Willen, 12.02.1961

Eine Dampf-Schneeschleuder, die gerade in Alp Grüm eingetroffen war, wollte den Zug – ohne einen Hilfszug – befreien, was beim zweiten Versuch mit Unterstützung eines weiteren Triebwagens auch gelang, so dass die immer noch voll besetzten Triebwagen nach Alp Grüm geschleppt werden konnten. Aber beim dritten Versuch, bei dem der Pflug zurückgeholt werden sollte, löste sich erneut ein Schneebrett und schloss den Konvoi samt Hilfszug ein. Da sich der Sturm in Orkanstärke auf Nord gedreht hatte und die Temperaturen sehr schnell von –5 auf –25 Grad gesunken waren, wollte die Mannschaft des Hilfszuges zu Fuß nach Alp Grüm gelangen, doch eine weitere Lawine riss fünf Männer in die Tiefe, von denen sich einer an einem Strauch festhalten und so retten konnte. Bei einer nächtlichen Such- und Rettungsaktion konnte ein weiterer der fünf Männer schwer verletzt gerettet werden, während die anderen bedauerlicherweise den »weißen Tod« gefunden hatten.
Die zweite Dampf-Schneeschleuder musste sich durch insgesamt acht Lawinenkegel hindurcharbeiten, bis die Strecke am Abend des 02.03.1937 wieder befahrbar war.
Wegen der andauernden Lawinengefahr an den Hängen des Val Pila ließ die BB 1935 und 1940 auf beiden Seiten des dortigen Tunnels (Km 30,1) je eine Lawinen-Galerie errichten, von denen die obere 213 m, die untere 125 m lang ist.

Nach der Fusion von Rh. B. und BB blieben die Schnee-Räumfahrzeuge weiterhin im Einsatz, zeigten bisweilen auch auf dem Stammnetz ihr Können und erhielten neue, dem Rh. B.-System angepasste Betriebsnummern:

Drei Altbau-Schneeräumfahrzeuge vor dem Depot in Pontresina: Keilpflug X 9131, eine Dampf-Schneeschleuder und die elektrische Schleuder Xrot e 9215 (von links nach rechts).

Quelle: Archiv RhB

Fahrzeug-Typ	BB-Nr.	Rh. B. ab 1947	Rh. B. ab 1950
Keilpflug	X 1001	X 31	X 9131
Dampf-Schneeschleuder	G 2 x 3/3 1051	Xrot d 6/6 13 (R 13)	Xrot d 6/6 9213
Dampf-Schneeschleuder	G 2 x 3/3 1052	Xrot d 6/6 14 (R 14)	Xrot d 6/6 9214
Räumer	X 1002	X 32	X 9132
elektr. Schneeschleuder	Xe 1003	Xrot e 15	Xrot e 9215
Spurpflüge	L 6050, 52–54	X 26–29	X 9126–29

Anmerkung: »X« steht für Dienstfahrzeug, »rot« für rotierend, »d« für Dampf, »e« für elektrisch.

Die beiden Winter, welche auf die Fusion folgten, waren vom Wetter her eher »ruhig«, am 19./20.01.1946 kam die »dicke Marianne« zu Tal, bedeutete aber diesmal nur geringen Räumaufwand.

2. Die »Rotary«-Dampf-Schneeschleuderr

von BB und Rh. B.

Die normalspurige Xrot d 100 der SBB, ausgestellt im Verkehrshaus der Schweiz, Luzern.
Foto: Julian Schönborn, 14.08.2017

2.1 Ein kurzer historischer Rückblick

Um den Betrieb im Gebirge auch bei Schnee aufrecht zu erhalten, haben sich die betroffenen Bahnen in Europa und Amerika bereits im 19. Jhdt. einiges einfallen lassen: Neben der allgegenwärtigen Handarbeit sowie ersten Schneeschutz-Galerien tauchten ab ca. 1845 keilförmige, hölzerne Pflüge auf, die bereits im Straßenverkehr erfolgreich erprobt worden waren. Außerdem wurden die Triebfahrzeuge mit größeren Räumern versehen, was sich bei geringeren Schneehöhen durchaus bewährte. Die Schweizerische Bauzeitung von 1887 berichtet, dass auf der Südrampe der Gotthard-Bahn mit Maultieren bespannte Keilpflüge zum Einsatz kamen, wobei allerdings häufiger Tiere auf den vereisten Brücken verunglückten.

Aufgrund der Erfahrungen optimierte man zwischen 1850 und 1865 bei der k.k. Semmering-Bahn die Keilpflüge, indem sie vergrößert wurden und die Keile eine neue Form erhielten, so dass der Schnee nicht nur zur Seite geschoben, sondern vorher angehoben wurde. Da die Pflüge den Schnee nicht weit genug aus dem Lichtraumprofil entfernten, wurden ab 1857 verschiedene Schnee-Wurfmaschinen, -Bagger und -Fräsen entwickelt: Die weltweit erste einigermaßen funktionstüchtige, dampfbetriebene, mechanische Schnee-Wurfmaschine stammte von Oberingenieur Johann Lang der k.k. privilegierten Österreichischen Staatsbahn. Das Fahrzeug besaß eine quer zur Fahrtrichtung stehende Fräs- und Wurfwalze, die sich hinter einem kurzen, niedrigen Hilfsräumer befand, der den Schnee teilweise seitlich wegwarf, teilweise der Wurfwalze zuführte. Etwa zur gleichen Zeit konstruierte der ungarische Ingenieur Paulitschky einen »Schneebagger«, der 0,50 – 3,00 m hohen Schnee bei einer Geschwindigkeit von etwa 4 km/h links oder rechts horizontal bis zu 8,00 m zur Seite beförderte.

1869 entwarf in Toronto der Zahnarzt J. W. Elliot eine »Compount Revolving Steam Snow Shovel« auf dem Papier, fand aber keinen Geldgeber für die Realisierung seiner Idee. 1871 veröffentlichte A. Strenger, Obermaschinenmeister der russischen Tambow Saratower-Eisenbahn, im »Organ für die Fortschritte des Eisenbahnwesens« einen Bericht über seinen »Centrifugalen Schneepflug«, der durch eine stehende Dampfmaschine axial angetrieben wurde und ein Schleuderrad mit Schneidemessern besaß, dessen Wirkungsgrad und Schleuderweite noch gering waren.

Nachdem das Patent von J. W. Elliot abgelaufen war, verbesserte Ingenieur Orange Jull zusammen mit den Brüdern John und Edward Leslie aus Paterson (New Jersey) die Pläne, indem das Schleuderrad einen Kasten erhielt und dem Haupt- ein zweites Schleuderrad vorgelagert wurde, das den häufig gefrorenen Schnee grob zerkleinerte und dann in das Haupt-Schneiderad warf. Zudem konstruierte Jull den Antriebsmechanismus robuster und entwickelte eine automatische Schneidemesser-Umstellung für den

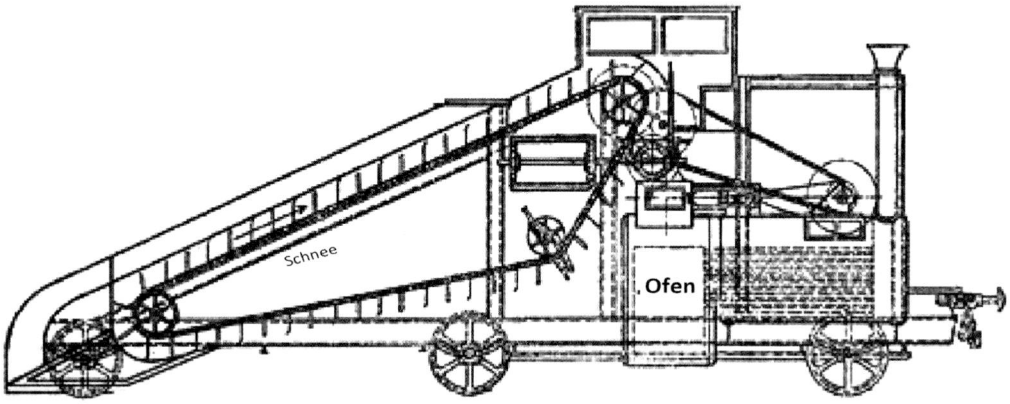

Entwurf für einen »Schneebagger«
Quelle: Archiv Schönborn; Bearbeitung Julian Schönborn

Das zweiachsige, 15 t schwere, elektrische Fahrzeug kam bei der Chicago & Milwaukee Railway bei geringen Schneehöhen zum Einsatz. Es besaß an beiden Enden je einen Führerstand und eine einfache Schleuder, um nicht gewendet werden zu müssen.

Foto: © mauritius images/Alamy/Reading Room 2020

Rechts- oder Linksauswurf. Diese Neukonstruktionen stellten eine bedeutende Verbesserung gegenüber anderen Entwicklungen dar und waren Hauptbestandteil des neuen weltweiten Patents. Übrigens waren die auch als »Rotary« bezeichneten Schneeschleudern nicht selbstfahrend, sondern mussten bisweilen von mehreren Lokomotiven geschoben werden. Ein Test des Prototyps erfolgte im Winter 1883/84 in der Nähe der Leslie-Werkstätten, und den ersten realen Einsatz bestand das Fahrzeug noch im gleichen Jahr bei der nahe gelegenen Buffalo Creek Railroad in West Virginia.

Die 1872 eröffnete, schmalspurige Denver, South Park and Pacific Railroad (3 ft = 914 mm Spurweite) hatte erhebliche Probleme beim Winterdienst auf ihren im Gebirge gelegenen Strecken, vor allem auf der höchstgelegenen über den Alpine Pass (3512 m), wo der Betrieb bisweilen monatelang wegen der großen Schneemengen eingestellt werden musste. Dort bewährte sich eine der ersten Leslie-Rotaries gut, nur bei Lawinenkegeln mit Geröll und Baumstämmen hatte sie Mühe. In diesem Bereich sollte eine Weiterentwicklung von Jull, ein »Schneebagger«, der den Schnee nicht nur wegschleuderte, sondern auch »anbohrte«, Abhilfe schaffen, doch das Fahrzeug bestand die Bewährungsprobe nicht.

Die Dampf-Schneeschleuder der Gotthard-Bahn / SBB

1892 unterbreitete der Zürcher Ingenieur J. G. Ulmann als Vertreter der Hamburger Firma Lucht, der kontinentaleuropäischen Lizenznehmerin der Leslie-Dampf-Schneeschleuder-Patente, der Generaldirektion der Gotthard-Bahngesellschaft (GB) eine umfangreiche und aussagekräftige Offerte zur Beschaffung eines solchen Fahrzeugs, aber die GB war nicht interessiert. Zwei Jahre später gelangte der neue Patent-Verwerter von Leslie und Lucht, der Zürcher Patentanwalt Blum, an die GB, und dieses Mal sollte Oberingenieur Anton Schrafl (1841–1916) eine Stellungnahme zur Beschaffung einer Dampf-Schneeschleuder erstellen. Er hielt fest, dass sich alle seit 1882 getroffenen Maßnahmen zur Schneeräumung (einschließlich des Einsatzes von sechs Schneepflügen) bestens bewährt hätten und der Kauf einer Schneeschleuder nicht nötig sei. Doch bereits der Winter 1894/95 widersprach der Ansicht des Oberingenieurs, denn starke Schneefälle (z. B. in Airolo etwa 2,20 m) verhinderten vom 15. bis 19.01.1895 den Betrieb auf der Gotthard-Strecke, der damals wichtigsten Nord–Süd-Achse durch die Schweiz, denn die bisherigen Räum-Methoden

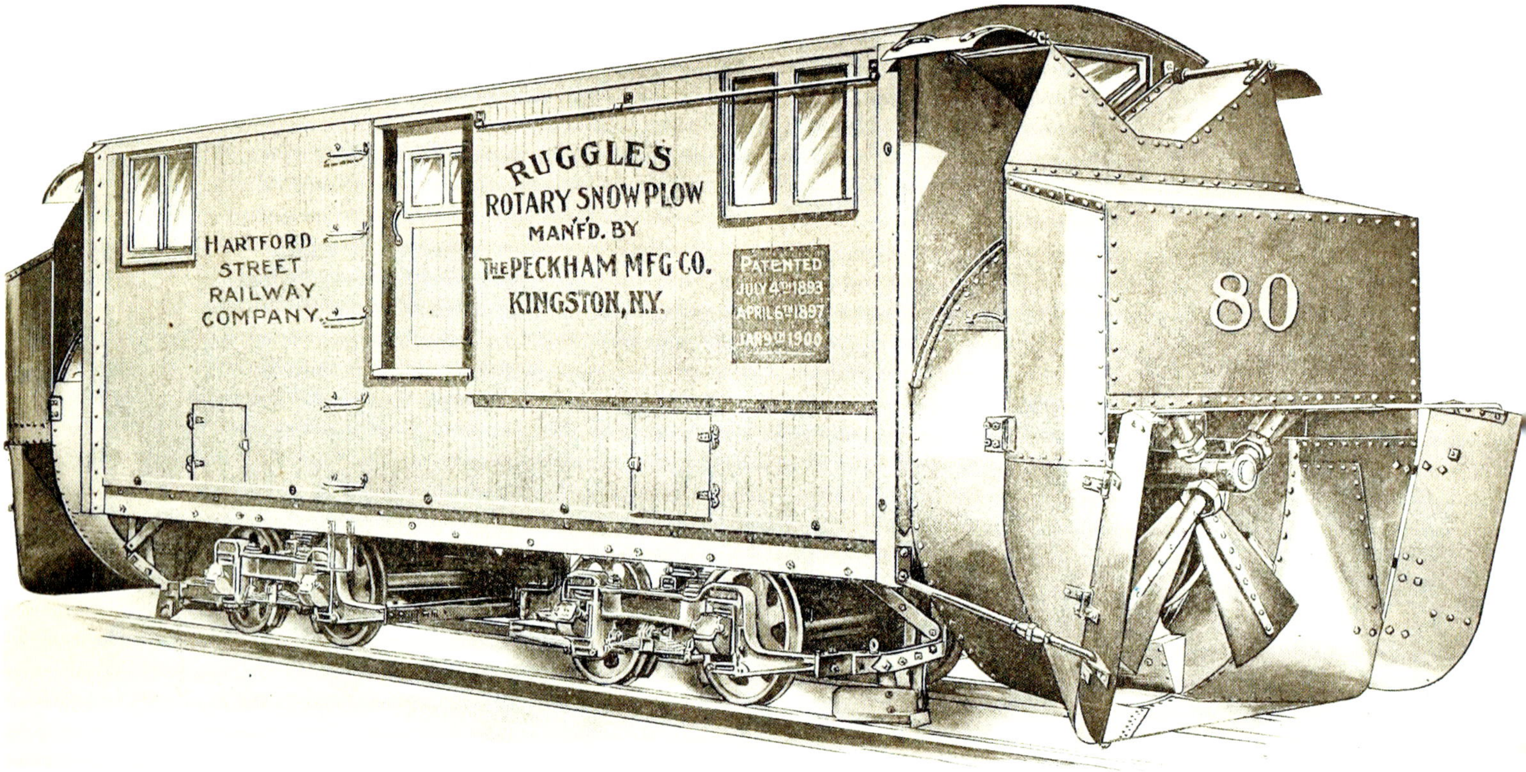

Der »Ruggles Rotary Snow Plow« wurde für die im Bundesstaat Connecticut tätige Hartford Streetway Company gebaut, aber auch andere amerikanische Bahnen besaßen ähnliche Fahrzeuge. Eine Besonderheit des Fahrzeugs besteht darin, dass es auf beiden Stirnfronten je ein Schleuderrad besitzt, also nicht gewendet werden muss. Das niedrig gebaute Fahrzeug ruht auf zwei zweiachsigen Drehgestellen, die jeweils zur Schleuderscheide hin über Schienenreiniger gegen Eis und Schnee verfügen. Es kann mit höherer Geschwindigkeit fahren und auch bei größeren Verwehungen eingesetzt werden.

Foto: © mauritius images/Alamy/Reading Room 2020

versagten. Deshalb wurden bereits am 22.01.1895 Oberingenieur Schrafl und Maschinenmeister Frei von der Generaldirektion der GB aufgefordert, sofort die Möglichkeiten einer Schneeschleuder-Beschaffung zu studieren und Vorschläge zu unterbreiten. Außerdem startete die Generaldirektion Anfragen an deutsche und russische Bahnverwaltungen, um Auskünfte über die Erfahrungen mit Dampf-Schneeschleudern zu erhalten.

Noch im Januar 1895 traf bei der Generaldirektion eine Einladung der »Gesellschaft für die Verwertung von Erfindungen im Eisenbahnwesen« ein, am 25. Februar bei der Station Mahlow der für Militärversuche gebauten Bahnstrecke Berlin – Jüterbog (im heutigen deutschen Bundesland Brandenburg) an der Vorführung einer »Görlitzer Kreisel-Schneeschleuder« teilzunehmen.

Es wurden auch die 1857 nach den Plänen von Johann Lang gebaute österreichische Schneeschleuder begutachtet, das ungarische System Paulitschky und mehrere Fahrzeug-Typen amerikanischer Konstrukteure, wobei das »System Leslie« besonders überzeugte. Durch die Vorführung wurden die Vertreter der GB von der Verwendbarkeit und dem Nutzen der vorgestellten »Dampfkreiselschneeschaufel« überzeugt, und nach weiteren Besichtigungen beschloss die Direktion der GB die Beschaffung einer Schneeschleuder nach dem System Leslie, und bereits am 04.03.1895 stellte Ingenieur Galster die Konstruktionspläne von SLM für eine Dampf-Schneeschleuder vor. Da SLM die gewünschte Lieferfrist von neun Monaten aufgrund von Arbeitsüberlastung in den Werkstätten nicht garantieren konnte, fragte die GB bei Henschel & Sohn in Kassel an und erhielt am 05.03.1895 eine verbindliche Offerte in Höhe von 58.500 Mark – unverzollt franko Basel ohne Tender. Der Preis einschließlich Tender und Zollkosten belief sich – umgerechnet - auf 83.000 CHF.

Der am 03.06.1895 abgeschlossene Kaufvertrag, der auch noch den Anbau von starken Bogenlampen-Scheinwerfern vorsah, die eine kleine Dampfmaschinen-Dynamogruppe speiste, sah als Ablieferungstermin den 15.12.1895 vor, doch dieser Termin wurde überschritten, was die Zahlung einer Konventionalstrafe durch Henschel, aber auch Streitigkeiten zwischen GB und der Lieferfirma nach sich zog. Am 17.01.1896 lieferte Henschel die »Rotary« verzollt in Rotkreuz (Kanton Zug) ab.

Im Depot Erstfeld erhielt die Schneeschleuder den zweiachsigen Tender der von der Maschinenfabrik Esslingen vor allem für die Gotthard-Bergstrecke gebauten D 3/3 52 der GB. Da die Schleuder nicht selbstfahrend war, benötigte sie stets eine Schiebelok, zunächst eine D 3/3, später oft einen »Elefanten« C 5/6. Am 09.03.1896 kam die »Rotary« erstmals nach einem Lawinen-Niedergang ausgangs des Häggriger-Tals bei Gurtnellen (Kanton Uri) zum Einsatz, erlitt dabei auch ihren ersten größeren Defekt. Insgesamt bewährte sich die 87 t schwere, bis 1982 eingesetzte Dampf-Schneeschleuder X rot d 100 – so die spätere SBB-Bezeichnung –, die mit ihrem Schleuderrad von 3,00 m Durchmesser den Schnee bis zu 90 m seitlich und 18 m hoch wegschleudern konnte, doch das Fehlen eines eigenen Antriebs wurde verstärkt als Problem angesehen.
Nach ihrer aktiven Zeit hat sie ein Zuhause im VHS Luzern gefunden, wurde aber wegen der anstehenden Bauarbeiten im Bereich der Schienenhallen, deren Ausstellungen außerdem neu konzipiert werden, an ihre Besitzerin, SBB Historic, 2020 zurückgegeben und zeitweise im Depot Arth-Goldau remisiert. Am 125. Jahrestag der Ablieferung, dem 21.01.2021, überführte der Verein »Dampfgruppe Zürich« sie mit Hilfe der historischen Dampflok Eb 3/5 5819 von Arth-Goldau via Rotkreuz nach Brugg in den dortigen »Bahnpark«, in dem sich weitere historische Fahrzeuge, u. a. Dampfloks befinden, Zurzeit (Sommer 2021) nimmt die Xrot d 100 den Platz der C 5/6 2978 ein, die sich zu einer Revision im Werk Meiningen (D) befindet. Am 09.02.2021 wurde die Dampf-Schneeschleuder genau untersucht und angeheizt, so dass man sie nach einer Unterbrechung von 40 Jahren als »betriebstauglich« einstufte. Bei den »Tagen der offenen Tür« wird sie also im Depot Brugg zu sehen sein und möglicherweise mit »Fremddampf«, also dem Dampf eines anderen Fahrzeugs, arbeiten.
Das weitere Schicksal ist noch nicht genau definiert.

Die Dampf-Schneeschleuder der BLS

Die am 27.07.1906 gegründete »Berner Alpenbahn-Gesellschaft Bern–Lötschberg–Simplon« (BLS) ließ als wesentlichen Abschnitt einer zweiten normalspurigen Nord–Süd-Transversale in der Schweiz zwischen den Kantonen Bern und Wallis die rund 60 km lange Linie Frutigen–Brig bauen, kaufte 1907 die Spiez–Frutigen-Bahn (SFB), die bereits seit dem 24.07.1901 verkehrte, und fusionierte 1913 mit der 1890 eröffneten Thunersee-Bahn (TSB) Thun – Spiez – Interlaken.

Kernstück der von Anfang an elektrisch mit 15 kV, 16 2/3 Hz Wechselstrom betriebenen Bergstrecke war der 14.612 m lange, bereits beim Bau zweigleisig angelegte Lötschberg-Tunnel, in dem sich auch der Kulminationspunkt auf einer Höhe von 1240 m ü. M. befindet. Außerdem wies die Strecke zahlreiche Brücken sowie drei Lawinen-Schutzgalerien, 22 Tunnel auf der Süd- und sechs auf der Nordrampe auf. Um einen planmäßigen Betrieb im Winter aufrechterhalten zu können, reichten bei einer Schneehöhe von bis zu einem Meter die großen Räumer der mit den fahrplanmäßigen Zügen eingesetzten, schweren E-Loks aus, doch bei mehr Schnee oder größeren Ereignissen wie Schnee-Rutschen oder gar Lawinen zeichneten sich Probleme ab.

Deshalb beschaffte die Direktion der BLS bei Henschel & Sohn in Kassel vorsorglich eine vierachsige, nicht selbstfahrende Dampf-Schneeschleuder mit einem kurzgekuppelten, dreiachsigen Tender, die 1913 als X^4 oder Xrot d 9501 in Betrieb ging und folgende technische Daten hatte (SBB-Xrot d 100 als Vergleich):

Eigentümerin	BLS	GB / SBB
Betriebsnummer	Xrot d 9501 / Tender X 9501	Xrot d 100
Erbauer	Henschel & Sohn, Kassel	Henschel & Sohn
Inbetriebsetzung	1913	1896
Spurweite	1435 mm (Normalspur)	1435 mm (Normalspur)
Länge Schleuder	12.300 mm 13.500 mm (mit überstehendem Dach)	11.527 mm
Breite Schleuder	3.130 mm	3.100 mm
Höhe Schleuder	4.250 mm	4.500 mm
Achsformel Schleuder	2′2′	2′2′
Raddurchmesser Schleuder	850 mm	850 mm
Länge Tender	6.200 mm	5645 mm (von Dampflok)
Höhe Tender	2.700 mm	
Raddurchmesser	1000 mm	
Dienstgewicht Schl. leer	58,0 t	58.3 t
Dienstgewicht Schl. beladen	64,0 t	62,5 t
Dienstgewicht Tender leer	16,5 t	
Dienstgewicht Tender bel.	33,5 t	26,5 t
Ausrüstung Tender Kohle	5,0 t	
Ausrüstung Tender Wasser	12,0 m^3	
Bremsen	doppelte Westinghouse	
Tourenzahl Schleuderrad	200/min.	140/min.
Zahnrad-Übersetzung	1 : 1,75	1 : 1,8
Vorschubgeschwindigkeit	25 km/h	45 km/h
Wurfweite des Schnees	30 m	bis 90 m
Leistung Dampfmaschine	800 PS	800 PS
Dampfdruck	12 atü	12 atü
Anzahl Sederöhren	203	177
Heizfläche der Sederöhren	106,1 qm	93,6 qm
Rostfläche für Brennstoff	2,5 qm	2,3 qm
Verbleib	Abbruch 1966	museal bei SBB Historic

Die in Spiez, einem Depot mit Werkstätte, beheimatete Dampf-Schneeschleuder sollte vor allem auf der Nordrampe der Bergstrecke, also zwischen Frutigen, Blausee und Mitholz nach Kandersteg eingesetzt werden, kam aber tatsächlich in ihrer Betriebszeit neben dem Räumen der Gleise in Kandersteg mehrheitlich auf der Südseite von Goppenstein über Außerberg und Lalden nach Brig zum Einsatz, weil es dort nicht so häufige, aber dafür ziemlich heftige Schneefälle gab. Auch eine ihrer letzten größeren Leistungen erbrachte sie im März 1946 zwischen Goppenstein und Brig, wo sie die Strecke nach starken Schneefällen in drei Stunden räumte. Ein weiteres Einsatzgebiet war das Wegschleudern der sogenannten »Schneewalme« in den Bahnstationen, langgestreckten Schneehaufen, die von den Streckenarbeitern entlang der Gleise oder Bahnsteige geschaufelt worden waren, die sonst mit Flachwagen oder Schlitten hätten abtransportiert werden müssen – ein langwieriges und kostenintensives Verfahren.

Die normalspurige Dampf-Schneeschleuder Xrot d 9501 der BLS steht mit ihrem Tender X 9501 in Spiez. Foto: Peter Willen, 05.02.1963

In der Regel wurde die Dampf-Schneeschleuder von einer schweren E-Lok aus der Betriebsreserve geschoben, z. B. einer Ae 6/8. Um bei Spannungsunterbrüchen oder Schäden an der Fahrleitung ungehindert weiterarbeiten zu können, gehörte auch die rund 80 t schwere Dampflok Ec 4/6 62 aus dem Bestand der ehemaligen Thunersee-Bahn zu der Räum-Komposition. Jeweils auf den 1. November mussten auf Anforderung des Depot-Chefs die drei Fahrzeuge, Schneeschleuder, Dampflok und E-Lok, im Depot Spiez für Einsätze bereitstehen, und die beiden Dampf-Fahrzeuge wurden vorgängig in der Lokomotiv-Werkstätte kontrolliert, revidiert, repariert, mit Kohle, Wasser, Sand und sonstigen Verbrauchsmaterialien ausgerüstet, angeheizt und bei einer kurzen Probefahrt auf das einwandfreie Funktionieren getestet. Wenn der Test positiv verlief, ließ man die beiden Dampf-Fahrzeuge wieder erkalten und stellte sie mit gefülltem Kessel und Tender in ihren Schuppen zurück. Dieses Gebäude verfügte über eine wärmeisolierte Boxe, in der die Temperatur auch im Winter etwa vier Grad über Null betrug, um an den Fahrzeugen eine Eisbildung zu verhindern und sie jederzeit einsatzfähig zu haben.

Die Räumfahrten mit der Schleuder erforderten einen hohen Personalaufwand: zwei Männer im Führerstand der Schleuder (auch für die Bedienung des Schleuderrades), z. B. den Depot-Chef oder seinen Stellvertreter samt einem Oberlokführer, einen Heizer hinten in der Schleuder, einen Lokführer und einen Heizer in der Dampflok und mindestens einen Lokführer in der E-Lok. Die Fahrten fanden nur bei Tageslicht statt, denn die Erfahrung hatte gezeigt, dass das Arbeiten in der Dunkelheit zu gefährlich

Eine der beiden elektrischen Schleudern Xrot et 9218 / 9219 wird nach getaner, schwerer Arbeit vom Schnee befreit.
Foto: Archiv RhB

Die normalspurige Dampf-Schneeschleuder Xrot d 100 der SBB arbeitet zusammen mit einer Schiebe-Dampflok in Göschenen.
Foto: Peter Willen, 01.11.1968

war, weil vor allem die Lawinen oft größere Gesteinsbrocken oder Baumstämme und -stümpfe im Schnee enthielten, die durch die kleinen Führerstandsfenster relativ schwer zu erkennen waren, auch wenn das Fahrzeug über ein Dreispitz-Lichtsignal auf dem Schleuderrad-Gehäuse verfügte. Wenn erforderlich, wurde die Räum-Komposition mindestens einen Kilometer tief im Lötschberg-Tunnel abgestellt, wo die Temperatur ständig etwa 14 Grad beträgt, um das Einfrieren der Wasserrohre und Injektoren zu verhindern. Dann konnte der Tunnel nur einspurig befahren werden.
Das Schleuderrad mit den zwölf Sektoren konnte nach rechts oder links drehen, so dass auch der Schnee in beide Richtungen ausgeworfen werden konnte. Wenn immer möglich, wurde er talwärts hinausgeschleudert, um keine Schneerutsche oder Lawinen auszulösen, welche die gerade freigelegten Gleise wieder verschütteten.

1947 und 1952 fanden bei der BLS die letzten Aus- und Weiterbildungen von Personal für Dampf-Lokomotiven statt, denn es gab ja nur noch die Ec 4/6 62, die in der wärmeren Jahreszeit bisweilen auch für Lokal-Güterzüge eingesetzt wurde. Die Lok selber kam in die »kritischen Jahre«, so dass eine grundlegende Kessel-Untersuchung hätte stattfinden müssen, bei welcher der Ersatz sämtlicher Siederohre voraussehbar war. Denn bei den jährlich stattfindenden Probefahrten mussten schon mehrfach tropfende Rohre »gestöpselt« werden, damit das Fahrzeug noch als einsatzbereit galt. Deshalb entschloss sich die BLS 1966, die Lok auszurangieren und abzubrechen. Da auch bei der Dampf-Schneeschleuder zunehmend »Altersbeschwerden« sichtbar wurden, für die es keine Fachleute mehr in der Werkstätte gab, z. B. Kesselschmiede, entschloss sich die Direktion der BLS, das Kapitel »Dampfbetrieb« zu beenden, obwohl die Schleuder grundsätzlich noch einsatzfähig gewesen wäre, und man schickte die Xrot d 5901 am 05.04.1966 auf das Industriegleis in Lattigen bei Spiez zum Abbruch, nachdem sie am 03.11.1965 zum letzten Mal angeheizt worden war.

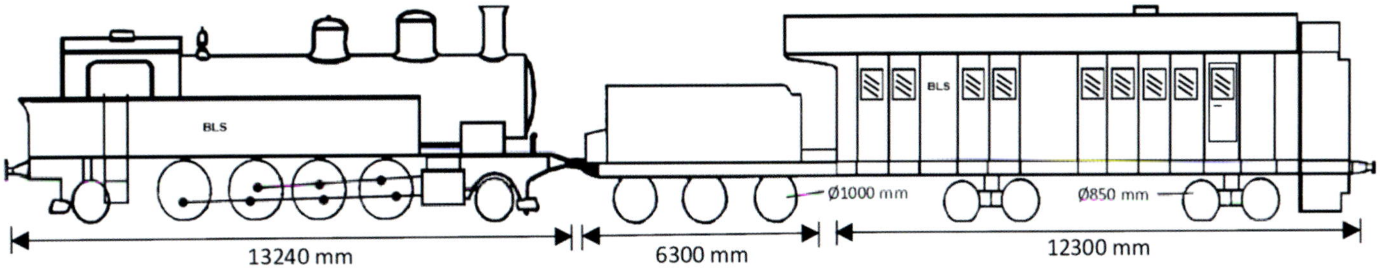

Vereinfachte Typenskizzen der Dampf-Schneeschleuder und ihrer Schiebe-Dampflok der BLS. Quelle: Archiv BLS; Bearbeitung: Julian Schönborn

2.2 Die Dampf-Schneeschleudern G 2 x 3/3 1051–1052 der BB

Da bei der BB die für den Winterbetrieb zwischen St. Moritz und Bernina Hospiz getroffenen Maßnahmen, Schutz-Galerien gegen Schneeverwehungen und kleinere, den elektrischen Triebwagen vorgespannte Schneepflüge, bei größeren Schneemengen keineswegs ausreichten, entschloss sich die Direktion zur Anschaffung einer Dampf-Schneeschleuder, ähnlich denjenigen, die in Nordamerika, Norwegen und vor allem bei der Gotthard-Bahn bereits erfolgreich – auch bei schwierigen Bedingungen – im Einsatz standen.

Das Pflichtenheft, das die BB erstellte, sah den Einsatz auf Neigungen bis zu 70 Promille und engen Kurven mit einem Krümmungsradius bis 45 m vor. Ein elektrischer Betrieb des Fahrzeugs wurde ausgeschlossen, weil es eine Leistung von 500–600 PS für das Räumen entwickeln sollte, außerdem zusätzlich 300–400 PS, um die im Volksmund »Bernina-Ungeheuer« genannte Schleuder gegen den Schnee zu stoßen. Eine so hohe Energie ließ sich aber der damaligen Fahrleitung der BB nicht problemlos entnehmen. Außerdem musste bei großem Schneefall mit Unterbrechungen bei der Stromzufuhr gerechnet werden. Deshalb wurde von Anfang an eine Dampf-Schneeschleuder geplant. Während bisher alle nach dem System Leslie gebauten Dampf-Schneeschleudern Schiebelokomotiven zur Fortbewegung benötigten, sah das BB-Pflichtenheft ein selbstfahrendes Fahrzeug vor: Denn in den engen Kurven hätte das Stoßen der Schleuder, die vom Puffer des Tenders bis zur Spitze des Schleuderrades eine totale Länge von 13.865 mm hatte, Probleme bereiten können, weil die Schiebe-Fahrzeuge nicht die nötige Kraft aufbringen konnten, und bei den langgezogenen Neigungsstrecken bis zu 70 Promille wären mehrere Schiebeloks erforderlich gewesen. Im übrigen besaß die BB keine leistungsfähigen, fahrdrahtunabhängigen Triebfahrzeuge. So musste also in einem Fahrzeug eine leistungsfähige Schneeschleuder mit einer starken Dampflokomotive vereint werden, und dabei war zu beachten, dass die Kurvenbeweglichkeit bei der Meterspur groß sein musste und eine Achslast von 7,5 t nicht überschritten werden sollte. Deshalb entschied man sich für zwei unabhängige dreiachsige Antriebsmodule.

Eher der Ausnahmefall: Xrot d 9213 ist alleine unterwegs. Quelle: Archiv RhB

Meistens das übliche Prozedere: Xrot d 9213 wird geschoben, hier von den älteren Triebwagen ABe 4/4 37 (hinter der Schleuder) und ABe 4/4 36. Quelle: Archiv RhB

Ein SLM-Werksfoto der BB-Schnee-Schleudermaschine noch ohne Holz-Verkleidung, deutlich zu erkennen sind der geschlossene Tender und der Spurpflug unter dem Arbeitsplatz des Heizers.
Quelle: SBZ, Archiv Herbert Stemmler

Übrigens verkehrten die Schleudern später meistens mit Schiebefahrzeugen, Personen-Triebwagen in Doppel-Traktion oder der Ge 4/4 82, damit die gesamte Kesselleistung des Fahrzeugs für die Räumung zur Verfügung stand. SLM war bereit, die konstruktiven Arbeiten von Grund auf zu übernehmen und die Erwartungen des Pflichtenheftes zu erfüllen. Die dabei entstandene Maschine weist grundsätzlich drei Teile auf: zwei kräftige, U-förmige Eisen dienen als Längsrahmen, auf dem der Schleudermechanismus und der Kessel montiert wurden, zwei Drehgestelle, von denen jedes als dreiachsiges Trieb-Drehgestell ausgebildet ist. Daraus ergeben sich folgende technische Daten für die G 1051, die auch mit »R 1051« bezeichnet wird (»R« für »Räumungsfahrzeug«):

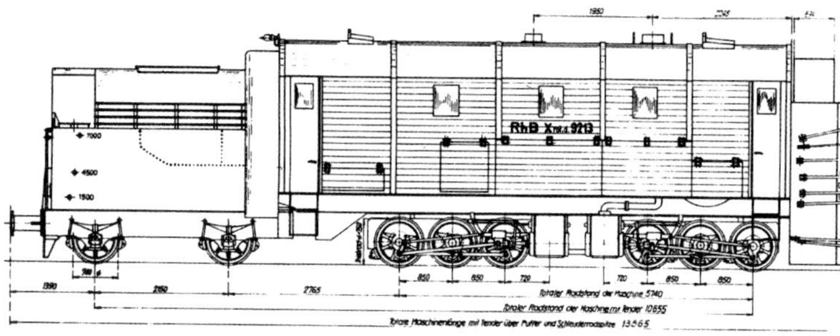

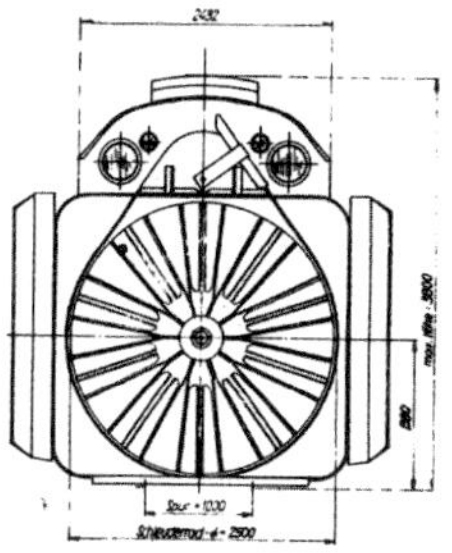

Eine Typenskizze der Dampf-Schneeschleuder
Xrot d 9213 Quelle: RhB, Archiv Markus Strässle

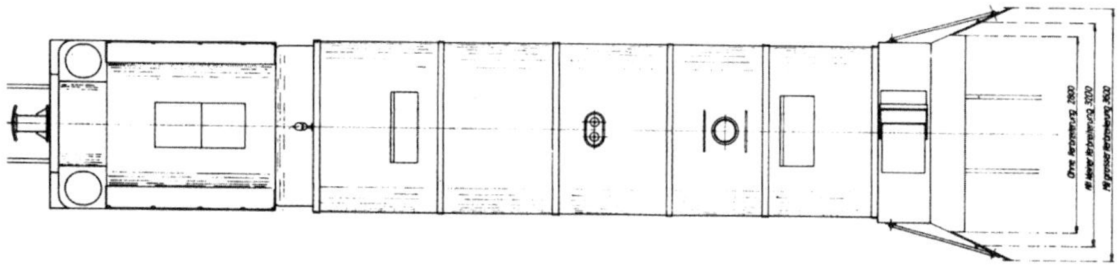

Xrot d 9214, ursprünglich G 2 x 3/3 1052, in der warmen Jahreszeit auf einem Abstellgleis.
Quelle: Archiv RhB

Die 1912 nachgebaute G 2 x 3/3 1052 war hinsichtlich der technischen Abmessungen praktisch identisch, nur betrugen der Zylinderdurchmesser 310 mm und der Kesselüberdruck 14 atü.

Spurweite	1000 mm
Hersteller	SLM
Baujahr	1910
Achsformel	C´C´
Länge	13.865 mm
Breite	2.800 mm
mit ausgefahrenen Rafferblechen	maximal 3.500 mm
Höhe	3.800 mm
Höchstgeschwindigkeit	35 km/h
Zylinderdurchmesser der »Lokomotive«	300 mm
Kolbenhub der »Lokomotive«	350 mm
Zylinderdurchmesser des »Schleuder-Teils«	300 mm
Kolbenhub des »Schleuder-Teils«	450 mm
Raddurchmesser	750 mm
totaler Radstand der Maschine alleine	5.740 mm
totaler Radstand der Maschine mit Tender	10.655 mm

Durchmesser des Schleuderrades	2.500 mm
maximale Umlaufzahl des Schleuderrades	170 U/min.
Übersetzungsverhältnis der Antriebsräder	1 : 1,9
totale Rohr-Heizfläche im Kessel	110 qm
Rostfläche zur Brennstoff-Aufnahme	1,6 qm
Überhitzerfläche zur Temperatur-Erhöhung	17,5 qm
indizierte Leistung auf Kolben der Lok	221 kW
indizierte Leistg. auf Kolben der Schleuder	368 kW
Kesselüberdruck	13 atü
Anzahl Heizrohre	14
Anzahl Rauchrohre	158
Leergewicht der Maschine	41,5 t
Dienstgewicht	45 t
Dienstgewicht des Tenders	10,5 t
Wasservorrat	7 m3
Kohlenvorrat	4 t

Das faszinierende Schleuderrad der Xrot d 9213, darüber ist der klappbare Blechaufbau, der den auszuwerfenden Schnee führen soll, deutlich sichtbar.
Foto: Julian Schönborn, 23.02.2020

Die Seitenansicht zeigt deutlich das Schleudergehäuse, die seitlichen, verstellbaren Flügel und die schmale Führerstandstür der Xrot d 9213, die in Ospizio Bernina wartet. Foto: Marisa Schönborn, 23.02.2020

Der »Schleuder-Teil«

Das in Lizenz gefertigte Schleuderrad mit einem Durchmesser von 2,50 m besteht aus zehn sektorartig angeordneten Blechkegeln, die auf der Vorderseite offen und mit drehbaren Messern ausgestattet sind. Diese Messer sollen den Schnee zerteilen und in die Blechkegel leiten. Durch den Schneedruck sollen sich die paarweise miteinander verbundenen Messer von selbst in die Lage bringen, die zum jeweiligen Drehmoment des Rades gehört. Auf der rückwärtigen Seite hält eine Scheibe mit einem Durchmesser von 2,50 m die Blechkegel zusammen. Die Radnabe aus Stahlguss ist auf einer starken Welle aufgekeilt.
Das Schleuderrad befindet sich in einem Gehäuse, das sich nach vorne trichterförmig mit einem rechteckigen Querschnitt öffnet und nach hinten zylindrisch gestaltet ist. Auf diese Weise soll der Schnee, der sich innerhalb der Umgrenzungslinie des Bahnprofils befindet, erfasst werden. Durch seitlich angebrachte, verstellbare Flügel kann das Räumprofil auf bis zu 3,50 m erweitert werden. Oben auf dem Schleudergehäuse gibt es eine Öffnung, durch welche der Schnee mittels der Zentrifugalkraft entsprechend der Drehrichtung des Schleuderrades nach rechts oder links ausgeworfen wird. Ein bei der Öffnung angebrachter, nach rechts oder links klappbarer Blechaufbau gibt dem Schnee die Führung.

Die Schleuderwelle weist vorne zwei Eisbrecher auf und ruht in einem Stahlguss-Gestell, das sowohl mit dem Längsrahmen als auch dem Schleudergehäuse fest verschraubt ist. Das Gestell ist als doppeltes Traglager sowie als Spurlager angelegt, das den Achsdruck aufnehmen soll. Die »normale« Tourenzahl beträgt 160 U/min.

Als Betriebsmaschine dient eine auf beiden Seiten des Kessels angeordnete horizontale Zwillings-Heißdampfmaschine mit einer Zylinderbohrung von 300 mm und einem Kolbenhub von 450 mm. Die beiden Zylinder arbeiten auf eine horizontale Kurbelwelle hin, von der aus der Antrieb auf die Schleuderwelle mit Hilfe eines Kegelräderpaares aus Citroën-Pfeilrädern erfolgt. Aufgrund des Übersetzungsverhältnisses der Kegelräder von 1 : 1,9 macht die Dampfmaschine im Normalbetrieb 290–300 Umdrehungen in der Minute. Die Steuerung erfolgt durch eine bei Dampf-Lokomotiven übliche Heusinger-Steuerung, die Füllungsgrade bis zu 80 Prozent nach beiden Drehrichtungen erlaubt. Der Abdampf des Schleuder-Teils wird in das Kesselblasrohr geleitet.

Auf dem hinteren Teil des Längsrahmens befindet sich der sowohl für den Schleuder- als auch für den Lokomotiv-Teil gemeinsame Kessel in der »Bauart Schmidt«, die weltweit bei Rauchröhren-Überhitzern für Dampflokomotiven Anwendung fand. Der Dampf durchläuft bei diesem System die U-förmigen, in den Kessel ragenden Überhitzerröhren, erreicht dadurch eine Temperatur von etwa 300–400 Grad, ist beinahe »trocken«, weil auch die kleinsten Wassertröpfchen verdampfen, und entwickelt so mehr Energie. Durch die geringere Dichte wird der Brennstoff- und Wasserverbrauch gesenkt. Der Dampf wird schließlich dem Dom entnommen und durch ein Hauptabschlussventil sowie getrennte Ventilregler dem Schleuder- und dem Lokomotivteil zugeführt.

Der gesamte Oberteil des Fahrzeugs befindet sich in einem hölzernen Kasten, der zum Tender hin offen ist und in dem der Schleuder-Führer und der für das Schleuderrad zuständige Bahnmeister – vor der Witterung geschützt – ihre Arbeit stehend in einem engen Führerstand erledigen und durch zwei kleine runde Fenster in der Vorderfront einen (relativ eingeschränkten) Blick auf die Strecke haben, so dass sie sich oft weit aus der geöffneten Tür lehnten, um mehr zu sehen.

Der »Lokomotiv-Teil«

Die Stoßkraft, mit der sich das Fahrzeug gegen den Schnee stemmen muss, erfordert ein nicht geringes Adhäsionsgewicht, das aber 7,5 t pro Achse nicht übersteigen sollte. Um bei den engen Kurven eine hohe Beweglichkeit zu erlangen, sah SLM zwei unabhängige Drehgestelle mit je drei Achsen vor. Jedes der Drehgestelle wurde als dreiachsige Zwillings-Heißdampflokomotive gebaut und so niedrig wie möglich angelegt. Die Zylinderseiten der beiden Drehgestelle sind einander zugedreht, was der Anordnung bei den sogenannten »Meyer-Lokomotiven« entspricht. Der Elsässer Jean Jacques Meyer (1805–1877) ließ sich 1861 eine Bauart von Dampflokomotiven patentieren, die zwei getrennte, als Drehgestelle angeordnete Fahrwerke besitzen, deren Zylinderseiten einander zugewandt sind.

Alle vier Zylinder mit einer Bohrung von 300 mm und einem Kolbenhub von 350 mm besitzen eine Heusinger-Steuerung mit Kolbenschieber. Die Zuführung des Dampfes erfolgt vom Kessel, der sich auf dem Oberteil befindet, und einem Regler außerhalb des Rahmens durch Rohre, die mit Kugelgelenken und Stopfbüchsen versehen sind. Auf diese Weise können die Bewegungen der Drehgestelle in jede Richtung nachvollzogen werden. Der Abdampf von beiden Maschinen wird mittels Gelenkrohren zusammengeführt und in das Blasrohr des Kessels geleitet.

Auf den beiden Drehgestellen ruht der Längsrahmen mit Hilfe von jeweils zwei Stützpfannen. Zudem befinden sich auf den Zylinderenden der Drehgestelle abgefederte Pendelstützen, damit sich das Gewicht gleichmäßig auf die Achsen verteilt.

Trotz Schneefalls sind die beiden Fahrwerke, deren Zylinderseiten einander zugewandt sind, und der darüber befindliche Schleuderantrieb deutlich zu erkennen.
Foto: Julian Schönborn, 23.02.2020

Die gegenseitige Führung wird durch je einen Drehzapfen erreicht, der am Längsrahmen festgeschraubt und in den Drehgestellen vertikal beweglich ist.
Das Fahrzeug bremst mit Hilfe einer Dampfbremse, die in jedem Drehgestell auf je zwei der drei Achsen wirkt. Die Bremsklötze des hinteren Drehgestells können außerdem per Hand mit einer Spindel angezogen werden. Schließlich wurde für Fahrten im Gefälle eine regulierbare Repressionsbremse mit Luftklappe und Wassereinspritzung in alle vier Zylinder des Lokomotiv-Teils eingebaut.

Hinter der letzten Achse der Schleuder befand sich ein pflugscharähnlicher Gleisreiniger, der durch sein Eigengewicht auf den Schienen gehalten und mittels Dampfdruck gehoben wurde.

Der Tender

An die Schleuder ist ein zweiachsiger Tender gekuppelt, der so leicht als möglich ausgeführt wurde. Bei einem Leergewicht von 5,8 t fasst er 7,5 m³ Wasser und 2,5 t Kohle. Der Kohlenbehälter ist – anders als bei den Dampflokomotiven – gedeckt, um so die Kohle (Steinkohle oder Briketts) vor Witterungseinflüssen, vor allem Feuchtigkeit, zu schützen, und ragt mit seinem vorderen Ende in den Lokomotiv-Kasten hinein, so dass auch der Heizer im Trockenen arbeiten kann. Es gibt im Wasserkasten eine Vorrichtung, mit deren Hilfe Schnee geschmolzen werden kann, um die Wasservorräte zu ergänzen. Alle Räder des Tenders besitzen eine Spindelbremse.
Im Normalfall wurden mindestens drei Personen benötigt, um eine Dampf-Schneeschleuder zu bedienen, die bis zu 8.500 t Schnee pro Stunde wegräumen konnte: Der Schleuder-Führer und der Bahnmeister, der aufgrund seiner guten Streckenkenntnisse dafür sorgen musste, dass durch die Schneeräumung keine vermeidbaren Schäden an der Infrastruktur (Weichen und Bahnübergängen) entstanden, hatten ihren Platz vorne, wo sich die Handgriffe befanden, um den Schleuder- und den Lokomotiv-Teil zu bedienen. Der Platz des Heizers war am Ende des Fahrzeugs vor dem Tender. Laufbretter auf beiden Seiten des Kessels verbanden diese beiden Arbeitsbereiche. Außerdem konnte noch ein Spurpflug-Bediener eingesetzt werden.

Nach der Ablieferung im Dezember 1910 erfüllte das neue Fahrzeug bei zahlreichen Test- und Betriebsfahrten die Erwartungen der BB vollkommen und wurde zu einem unentbehrlichen Helfer, um mindestens einen teilweisen Winterbetrieb zu ermöglichen und die Wiedereröffnung der Gesamtstrecke früher stattfinden zu lassen.

Da es in Pontresina keine Drehscheibe mehr gibt, wird die Dampf-Schneeschleuder in Samedan gewendet, was eine gute Sicht auf den speziell gestalteten Tender gibt; außerdem fehlt der Gleisreiniger.
Foto: Bernhard Willen, 21.11.2007

Bei Schneetreiben in Ospizio Bernina ein Blick in den beengten Führerstand mit den Bedienelementen. Foto: Bernhard Willen, 15.02.2006

Dampf-Schneeschleuder Xrot d 9213 in vollem Einsatz auf der Jochum-Kurve über das Val dal Bügliet, der Sprachgrenze zwischen dem romanisch- und italienischsprachigen Graubünden.

Foto: Bernhard Willen, 08.02.2013

Die Dampf-Schneeschleuder bahnt sich ihren Weg mit einem engen Kanal auf der Bernina-Strecke Quelle: Archivio fotografico Luigi Gisep / Società Storica Val Poschiavo (1911)

Gruppenbild mit Dampf-Schneeschleuder bei den ursprünglichen Gebäuden des Bahnhofs Alp Grüm Quelle: Archiv RhB

Die Dampf-Schneeschleuder arbeitet zusammen mit ihrem Schiebe-Fahrzeug im Bahnhof Bernina Hospiz, heute Ospizio Bernina
Quelle: Archiv RhB

Zwei Mitarbeiter des Bahn-Dienstes sondieren den Weg für die Dampf-Schneeschleuder. Quelle: Archiv RhB

Schön glitzert der ausgeworfene Schnee am Bernina-Pass. Quelle: Archiv RhB

Die Dampf-Schneeschleuder, geschoben von Triebwagen, wirft den Schnee in hohem Bogen aus. Quelle: Archiv RhB

Als Testfahrt räumt die Dampf-Schneeschleuder im ersten Winter nach der Ablieferung zusammen mit der Ge 4/6 391 die Abstellanlagen in Samedan. Quelle: Archiv RhB

2.3 Die Dampf-Schneeschleudern R 11–12 der Rh. B.

Einerseits die guten Erfahrungen, welche die BB mit ihrer Dampf-Schneeschleuder machte, und andererseits die Tatsache, dass die eigenen Schneeräum-Fahrzeuge bei größeren Ereignissen nicht ausreichten, gaben den Ausschlag, dass die Rh. B. bei SLM 1913 zwei Dampf-Schneeschleudern bestellte, die nach intensiven Test- und Instruktionsfahrten ab 1915 zum Einsatz kamen und die Erwartungen voll und ganz erfüllten. Sie hatten folgende technischen Daten:

Spurweite	1000 mm
Hersteller	SLM
Baujahr	1913
Achsformel	(1A) 2´
Länge	14.410 mm
Höhe	3.800 mm
Breite	2.800 mm
mit ausgefahrenen Rafferblechen	max. 3.800 mm
Drehgestell-Achsstand	1.300 mm
Gesamtradstand mit Tender	10.700 mm
Vmax mit Hilfsantrieb	12 km/h
indizierte Leistung der Schleuder	600 PS
Treibrad-Durchmesser	740 mm
Laufrad-Durchmesser	740 mm
Zylinder-Anzahl Hilfsantrieb	2
Zylinderanzahl Schleuder	2
Zylinder-Durchmesser Hilfsantrieb	310 mm
Zylinder-Durchmesser Schleuder	160 mm
Kolbenhub Hilfsantrieb	180 mm
Kolbenhub Schleuder	450 mm
Kesselüberdruck	13 atü
Anzahl der Rauchrohre	14
Rostfläche zur Brennstoffaufnahme	1,6 qm
Rohr-Heizfläche im Kessel	110 qm
Überhitzerfläche zur Temperaturerhöhung	17,5 qm
Dienstgewicht mit Tender	58,2 t
Leergewicht Schleuder	36,9 t
Leergewicht Tender	6,6 t
Heizfläche mit Überhitzer	110 qm
Wasser im Kessel	3.350 l
Wasser im Tender	7.500 l
Kohlevorrat im Tender	2,5 t

Ansicht der 1913 abgelieferten R 11 in Landquart, deutlich sind die drei Lampen auf dem Schleuderkasten zu erkennen, im Hintergrund eine Dampflok. Quelle: Archiv RhB

Ein Vergleich zu den Dampf-Schneeschleudern der BB

Die eigentliche Schneeschleuder und der Dampfkessel entsprachen dem Vorbild bei der BB, aber die Fahrzeuge besaßen keinen eigenen Antriebsmechanismus, weil die Rh. B. über ausreichend viele – auch fahrdrahtunabhängige – Schiebelokomotiven verfügte. Auf der Engadiner Linie kamen elektrische Loks zum Einsatz. Deshalb waren die beiden Drehgestelle der Schleuder nicht als dreiachsige Triebdrehgestelle mit Kuppelstangen, sondern als zweiachsige Gestelle mit nicht gekuppelten Laufachsen ausgelegt. Um den Überhang des Schleuderrades in den Kurven zu minimieren, befand sich das vordere Drehgestell unmittelbar hinter dem Schleuderrad samt dem umgebenden Gehäuse mit den ausfahrbaren Rafferblechen.

Ein deutlich sichtbarer Unterschied bestand auch darin, dass auf dem Schleudergehäuse vorne ein Dreispitzsignal aus drei Scheinwerfern aufgebaut war.

Die Leistungsfähigkeit der Schleudern wurde also grundsätzlich gesteigert, weil der Kessel nur Heiß-Dampf für das Schleudern und keinen für die Fortbewegung abgeben musste. Auch war die Konstruktion der Fahrzeuge erheblich vereinfacht. Allerdings wurde mehr Personal benötigt, nämlich das für die Schiebelok. Um kurze Leer- oder Rangierfahrten sowie das Wenden auf den Drehscheiben ohne Schiebelok zu ermöglichen, erhielt das vordere Drehgestell eine kleine Zwillingsdampfmaschine als Hilfsantrieb, der im Bedarfsfall auf die zweite, dem Schleuderrad abgewandte Achse wirkte. Mit einem Handgriff wurde der Antrieb nur bei geschlossenem Regler des Schleuderrades eingekuppelt, sonst lief das Getriebe im Freilauf.

Bei der hinteren Achse des vorderen Drehgestells ist der Hilfsmotor für Rangierfahrten zu erkennen, hinter den aufgeklappten Türen der Antrieb für das Schleuderrad. Quelle: Archiv RhB

Wie bei den BB-Schleudern befand sich der Antrieb des Schleuderrades, der durch zwei Zylinder erfolgte, in einem hölzernen Kastenaufbau. Ein Getriebe setzte die Drehzahl der Dampfmaschine im Verhältnis 1,8 : 1 von 270 U/min. auf maximal 150 U/min. am Schleuderrad herunter, das ebenfalls einen Durchmesser von 2,50 m hatte. Die Rh. B.-Dampfschleudern konnten Schnee bis zu einer Höhe von 2,65 m und einer Breite von bis zu 3,80 m räumen. Unmittelbar hinter dem Schleuderrad vor der Rauchkammertür des Kessels befanden sich die recht engen Arbeitsplätze des Schleuder-Führers sowie des Bahnmeisters, der die Funktion des Schleuderrades sowie die Füllung und Drehrichtung der Dampfmaschine überwachte. Zwei runde, nicht allzu große Fenster oberhalb des Schleuderrades ermöglichten den Beiden einen (relativ eingeschränkten) Blick auf die vorausliegende Strecke. Der Schleuder-Führer konnte sich mit dem Heizer, dessen Arbeitsplatz sich am hinteren Kesselende befand und der die Kohle vom Tender in die Feuerbüchse schaufelte, über ein Sprachrohr verständigen.

Zu einem Gruppenbild mit Dampf-Schneeschleuder und Schiebelok hat sich das Personal der beiden Fahrzeuge in Davos Laret aufgestellt, ein Beweis dafür, dass der Aufwand für das Räumen auch personell groß war. Quelle: Archiv RhB

Wie bei den Dampf-Schneeschleudern der BB besaßen die Tender – anders als diejenigen der Dampflokomotiven – verschließbare Öffnungen, die im Betrieb geschlossen waren, um die Brennstoff-Vorräte gegen den Schnee oder andere Umwelteinflüsse zu schützen.

Einsatz-Gebiet

Eingesetzt wurden die beiden Schneeschleudern auf dem gesamten Streckennetz der damaligen Rh. B, also auf den Strecken Landquart – Davos – Filisur (Prättigauer Linie), Landquart – Chur – Thusis – St. Moritz (Albula-Strecke), Pontresina – Samedan – Scuol-Tarasp (Engadiner Linie) und Chur – Disentis (Vorderrhein-Strecke).
Im Laufe der Zeit änderten sich die Betriebsnummern der Fahrzeuge:

bei Inbetriebnahme	ab 1950
R 11	Xrot d 9211
R 12	Xrot d 9212

Bereits in der Winterperiode 1913/14 konnten die beiden Fahrzeuge ihr Können und ihren Nutzen unter Beweis stellen, denn in der Nacht vom 11. auf den 12.01.1914 wurden die Strecken im Prättigau zwischen Klosters und Filisur sowie auf der Albula-Linie zwischen Rothenbrunnen und Preda derartig massiv von der »weißen Pracht« zugedeckt, dass die Schneehöhe in Davos Laret, dem traditionell schneereichsten Bahnhof der Rh. B., 2,75 m betrug. Neben den beiden Schleudern mussten extrem kurzfristig noch 500 Tagelöhner angeworben werden.

Die Dampf-Schneeschleuder zeigt in Davos, was sie kann. Quelle: Archiv RhB

Mehr gibt es auf dem Weg zum Wolfgang-Pass zu tun.
Quelle: Archiv RhB

Der von der Drusatscha-Lawine hervorgerufene Unfall war der schlimmste in der Geschichte der RhB. Quelle: Sammlung Christian Müller

Schweres Unglück durch die Drusatscha-Lawine

Drei Jahre später halfen die Schleudern nur noch beim »Aufräumen« nach einem tragischen Unglück: Am Abend des 20.04.1917 löste sich zwischen Davos Wolfgang und Davos Dorf vom Hörnli (2.448 m) die berüchtigte Drusatscha-Lawine, raste – alles mit sich reißend – über die Bahnstrecke zum Davoser See hinunter und zerstörte die Trasse auf rund 200 m. Aber es befand sich dort gerade Zug 8, Chur – Davos. Der Lokführer versuchte noch, den Zug zu beschleunigen und mit höherem Tempo der Lawine zu entkommen, aber der Luftdruck der Lawine zerriss die Bremsleitung und löste so eine Schnellbremsung des Zuges aus. Das Lokpersonal konnte sich mit einem Sprung aus dem Fahrzeug retten, ehe die Lawine den Zug erfasste, auseinanderriss und unter sich begrub. Die Schneemassen lagen bis zu 10 m hoch auf den Trümmern des Zuges.

Um den Streckenabschnitt Wolfgang-Pass – Davos noch besser vor Lawinen zu schützen, wurde im Winter 2008 die Seehorn-Galerie in Betrieb genommen.
Quelle: Archiv RhB

Im völlig zerstörten ersten Wagen starben sieben Personen, drei weitere verloren ihr Leben, als sie versuchten, sich durch den Schnee ins Freie zu arbeiten. Das Unglück kam unerwartet, denn der letzte große Lawinenabgang hatte 1892 stattgefunden, und die danach für die Strecke errichteten Schutzeinrichtungen hatten ihre Aufgabe zufriedenstellend erfüllt. Nach dem Unglück wurden zusätzliche Sicherungsanlagen, z. B. zwei »Abschlusssignale«, errichtet, so dass jeder Zug in ausreichendem Abstand aufgehalten werden konnte. Seit 1940 wurde diese Lawine in Zugspausen auch künstlich mit Minenwerfern ausgelöst. Seit dem Winter 2008 wird der Streckenabschnitt durch eine Galerie geschützt, denn in unmittelbarer Nähe der Drusatscha-Lawine gibt es noch eine zweite, die Seehorn-Lawine, die aber nie so schrecklich in Erscheinung trat.

Am 27.12.1923 fiel sehr nasser Schnee, so dass umstürzende Bäume die Fahrleitung zwischen Ilanz und Disentis beschädigten und fünf Tage lang auf diesem Streckenabschnitt Dampfloks eingesetzt werden mussten.

Am Abend des 19.03.1937 fuhr die Ge 4/6 391 zwischen Zernez und Susch in einen Schneerutsch, entgleiste auf der vereisten Schneeschicht und stürzte in den Inn. Der Lokführer verlor sein Leben, doch die Fahrgäste kamen mit dem Schrecken davon, weil die Personenwagen auf den Schienen stehen blieben. Die Bergung der schwer beschädigten Lok konnte erst nach der Schneeschmelze erfolgen.

Die auf einer vereisten Schneeschicht entgleiste Ge 4/6 391 musste im Inn (Engadiner Linie) bis zum Frühjahr auf ihre Bergung warten. Quelle: Archiv RhB

3. Einzigartige Schneeräum-Fahrzeuge bei der BB

Die fabrikneue Ge 4/4 82 mit den großen Schneeräumern auf dem Werksgelände von Sécheron in Genf.

Quelle: Archiv RhB

RESTAURANT
ALP GRÜM
BUFFET
BERNINA-BAHN
82

Die umgebaute Bernina-Lok mit der neuen RhB-Betriebsnummer 182 ist in Poschiavo für eine Ruhepause abgestellt. Quelle: Archiv RhB

Ge 4/4 82 in Ursprungsausführung, auch »Bernina-Krokodil« genannt, steht mit einem langen Personenzug in Alp Grüm.
Quelle: Archiv RhB

3.1 Die Schneeräum-Lokomotive Ge 4/4 82

Um beim Winterdienst den recht personal- und kostenintensiven Einsatz der beiden Dampf-Schneeschleudern zu reduzieren und um für die Versorgung der KWB-Baustelle unterhalb von Alp Grüm ein weiteres leistungsfähiges Triebfahrzeug zu besitzen, bestellte die BB 1926 bei SLM (mechanischer Teil) und SAAS (elektrischer Teil) eine Lok des Typs Bo´Bo´, bei der es sich um die erste laufachslose, schmalspurige Drehgestell-Lokomotive in der Schweiz handelte. Jede der vier Achsen wurde durch Zwillingsmotoren von 2 x 75 PS angetrieben, woraus sich eine Gesamtleistung von etwa 600 PS ergab. Die Antriebsräder waren durch Zahnradgetriebe und einen Federantrieb vom »Typ Sécheron« mit den Motoren verbunden. Außerdem besaß das Fahrzeug – in Anlehnung an den Keilpflug X 1001 – auf jeder Seite einen riesig aussehenden, fest montierten Schneeräumer mit einem Gewicht von jeweils rund einer Tonne, so dass es bei Räumfahrten nicht gewendet werden musste. Zudem existierte zwischen den beiden Führerständen ein Raum,

Die umgebaute Ge 4/4 182 schiebt eine Dampf-Schneeschleuder um den zugefrorenen Lago Bianco in Richtung Ospizio Bernina. Quelle: Archiv RhB

in dem sich etwa 12–15 Personen des Bahndienstes samt Ausrüstung aufhalten konnten. Abgeliefert wurde die Ge 4/4 82 im Jahre 1928.

Doch die schweren Pflüge führten zu einem sehr unruhigen Lauf des Fahrzeugs und dadurch zu einer hohen Gleisbeanspruchung, so dass die Rh. B. das Fahrzeug 1946 mit kleineren Vorbauten und Pflügen ausstattete, wobei allerdings wegen der geänderten Gewichtsverteilung – die 82 wurde 40 cm kürzer und rund eine Tonne leichter – auch die Zapfen der Drehgestelle versetzt werden mussten.

Außer mit schweren Personen- und Güterzügen kam die Ge 4/4 82 – auch »Bernina-Krokodil« genannt – als Schiebe-Fahrzeug mit den Dampf-Schneeschleudern, der ersten elektrischen Schneeschleuder Xe 1003 oder moderneren Schnee-Schleudern zum Einsatz, außerdem auch als Zugmaschine für den Räumer X 1002. Eine Besonderheit war, dass sie vor allem bei geringeren Schneemengen eine Dampf-Schneeschleuder schob und zugleich den Räumer zog.

Ge 4/4 82 in Ursprungsausführung mit dem Räumer X 1002 am zugefrorenen Lago Bianco. Quelle: Archiv RhB

Technische Daten der Ge 4/4 82 der BB / 182 der Rh. B.

	im Ablieferungszustand	nach Umbau 1946
Spurweite	1000 mm	1000 mm
Achsformel	AA + AA	AA + AA
Länge über Puffer	14.400 mm	14.000 mm
größte Breite	2.500 mm	2.400 mm
Höhe über Schienenoberkante	3.740 mm	3.760 mm
Gesamtradstand	10.000 mm	10.000 mm
Achsstand Drehgestelle	2.200 mm	2.200 mm
Dienstgewicht	44 t	43 t
Höchstgeschwindigkeit	45 km/h	45 km/h
Stundenleistung am Rad	600 PS	760 PS
max. Anfahrzugkraft	12.800 kg	12.800 kg
Stundenzugkraft	130 kN (bei 16 km/h)	130 kN (bei 16 km/h)
Anhängelast auf 70 Promille	47 t	47 t
Stromsystem	750 V Gleichstrom (bis 1935) 1 kV Gleichstrom (ab 1935)	
Übersetzungsstufen	1 : 7,0	

Anm.: Als »Stundenleistung« wird die Leistung bezeichnet, die z. B. ein Motor, ausgehend vom kalten Zustand, eine Stunde lang erbringen kann, ohne sich übermäßig zu erwärmen.

Die Lok, die am 29.07.1953 bei einer Frontalkollision bei Ospizio Bernina bzw. am 25.01.1962 bei einer Entgleisung nahe Campascio erhebliche Schäden erlitt, wurde immer wieder aufgebaut. 1961 erhielt sie die Betriebsnummer 182, um die zweistelligen Nummern einheitlich für Traktoren verwenden zu können. 1977 erfolgte die Ausrangierung, und bis 1981 stand sie anlässlich einer Sonder-Ausstellung von »Krokodil-Lokomotiven« im VHS in Luzern. 1984 erwarb ein französischer Geschäftsmann bzw. dessen Firma das Fahrzeug, und es wurde auf einem Gleis der Meterspurbahn St. Georges-de-Commiers – La Mure (SGLM) abgestellt, konnte aber wegen des zur BB unterschiedlichen Stromsystems dort nicht fahren.
Da die Lok ungeschützt im Freien stand, verschlechterte sich der Zustand zusehends, so dass der Abbruch drohte, und da die Firma des Käufers in finanzielle Schwierigkeiten und das Fahrzeug in die Konkursmasse geriet, wurde der Bündner »Club 1889« bzw. dessen Gruppierung »Associazione 182« aktiv und bewältigte dank der Unterstützung von Privatpersonen aus Frankreich und der Schweiz die juristisch schwierige Aufgabe, die Lok zu kaufen, die 1999 in die Schweiz zurückkehrte. Nach einer ausführlichen Revision fand die erste Probefahrt am 28.05.2010 statt, und seither ist die Ge 4/4 182 offiziell in Betrieb und wird für Museums- und touristische Extrafahrten eingesetzt, z. B. im Winter mit der Dampf-Schneeschleuder Xrot d 9213.

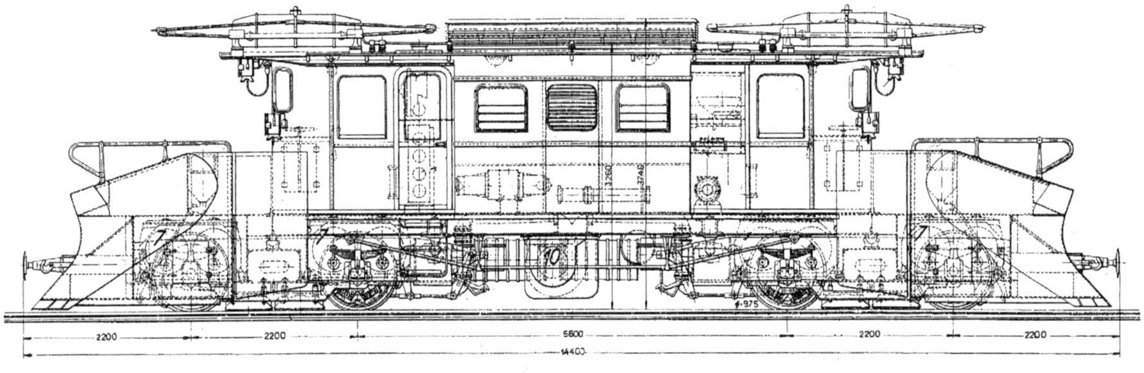

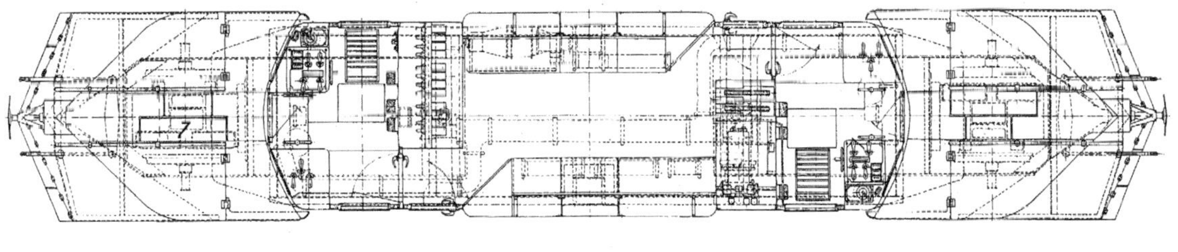

Typenskizze der Ge 4/4 82 der BB in der Ursprungsausführung
Quelle: SBZ, Archiv Herbert Stemmler

Vom »Zahn der Zeit« schwer gezeichnet, stand die Ge 4/4 182 zwischen den ASD-Triebwagen ABFe 4/4 12 und ABDe 4/4 3 ungeschützt auf einem Abstellgleis im französischen Saint Georges de Commiers. Foto: Bernhard Willen, 21.09.1998

Die noch nicht wieder fahrtüchtige Ge 4/4 182 wird von den Triebwagen ABe 4/4 30 und 34 als Extrazug mit einigen nostalgischen Personenwagen über die Alp Bondo in Richtung Poschiavo geschoben. Foto: Bernhard Willen, 20.05.2000

Im alten Gewand, aber in neuem Glanz wartet die Ge 4/4 182 in Pontresina auf die Dampf-Schneeschleuder, die sich noch hinter der halb geöffneten Depot-Tür befindet. Foto: Marisa Schönborn, 23.02.2020

3.2 Der Räumer X 1002 – ein Unikat in der Schweiz

Die Bernina-Passsenke verläuft in Nord–Süd-Richtung und ist deshalb starken Winden ausgesetzt, was selbst bei Winterwetter ohne Neuschneefall bedeuten kann, dass die (von einer Schneeschleuder) geräumte Strecke nach kurzer Zeit, z. B. zwischen zwei planmäßigen Zügen, wieder zugeweht ist, weshalb ständige Räumfahrten erforderlich waren – ein erheblicher Kostenfaktor. Mit vollständig ausgefahrenen Rafferblechen konnten die Dampf-Schneeschleudern einen Fahrkanal von maximal 3,50 m Breite freihalten, so dass zwischen den bisweilen vereisten Schnee- und den Seitenwänden der damals eingesetzten, ca. 2,50 m breiten Fahrzeuge auf jeder Seite etwa 50 cm »Luft« blieben.

Bei einem Besuch der normalspurigen, norwegischen Bergenbahn lernte eine Delegation der BB 1935 ein spezielles Räumfahrzeug kennen, das durch ausfahrbare Bleche den Schnee an den Wänden »abkratzte«, auf das Gleis hineinzog und so einen Schneekanal von etwa 6,00 m Breite schuf. Eine nachfolgende Schleuder, übrigens auch eine Dampf-

Der X 1002 der BB in der modernisierten Form als Xk 9132 der RhB in Poschiavo.
Foto: Hans-Bernhard Schönborn, 30.10.2012

Schneeschleuder, warf den auf dem Gleis liegenden Schnee aus. Dieses Fahrzeug, »Sporskrape Nr. 3« genannt, ist noch immer im Eisenbahn-Museum in Finse vorhanden, ein ähnliches Fahrzeug, die Nr. 4, im Norsk Jernbahn-Museum in Hamar.
1936 baute man in der Werkstätte Poschiavo nach dem norwegischen Vorbild auf dem Untergestell des 1908 von SIG

So kann man sich den Einsatz von drei Dienstzügen vorstellen: Die Dampf-Schneeschleuder (links oben), geschoben von Triebwagen, bahnt den Weg; der von der Ge 4/4 82 gezogene Räumer X 1002 (links unten) verbreitert die Gasse, und die von einem Triebwagen geschobene Xe 1003 (rechts) räumt den auf dem Gleis liegenden Schnee weg.
Quelle: Archiv RhB

Der Räumer X 1002 bei einer Testfahrt: Die Arbeitsweise, das Abkratzen des Schnees, der auf dem Gleis liegen bleibt, ist deutlich zu erkennen.
Quelle: Archiv RhB

gebauten, offenen Plattformwagens L 302 den Räumer X 1002, der aufgrund der verstellbaren Bleche bei einer Räumhöhe von etwa 3,00 m eine Räumbreite von 2,50 bis 6,00 m erreichte. Im Gegensatz zum norwegischen Vorbild besaß das BB-Fahrzeug keine Kabine für das Personal.

Um das Fahrzeug, das einzige dieser Art in der Schweiz, einsetzen zu können, mussten auf der Passtrecke sämtliche Fahrleitungsmasten nach außen gesetzt und mit längeren Auslegern versehen werden.
Normalerweise wurden beim Einsatz des Räumers drei Dienstzüge gebildet: eine Dampf-Schneeschleuder mit Schiebe-Fahrzeug(en), die einen Schneekanal von üblicher Breite erstellte; ein Triebfahrzeug mit angehängtem Räumer, der den Kanal ausweitete und den Schnee auf dem Gleis liegen ließ; die zweite Dampf-Schneeschleuder mit Schiebe-Fahrzeug(en), die den auf dem Gleis liegenden Schnee wegschleuderte. Bei niedrigeren Schneehöhen wurde der Räumer, der sich sehr gut bewährte, direkt an das / die Schiebe-Fahrzeug(e) der ersten Schleuder angehängt. Nachdem die elektrische Schneeschleuder Xe 1003 ihren Dienst aufgenommen hatte, kam auch sie mit einem Schiebe-Fahrzeug als dritter Dienstzug zum Einsatz. X 1002 musste auf einer der Drehscheiben in die jeweilige Arbeitsrichtung gedreht werden. Nach dem Einsatz des Räumers genügten für längere Zeit Fahrten mit einfachen Schneepflügen.

Nachdem der Räumer seinen Dienst aufgenommen hatte, kamen die Dampf-Schneeschleudern in der Regel nur noch in einer Fahrtrichtung zum Einsatz, nämlich von Pontresina nach Alp Grüm bzw. von Poschiavo nach Bernina Hospiz.

Nachdem die Rh. B. rückwirkend auf den 01.01.1943 mit der BB fusioniert hatte, führte sie das System der Räumung mit dem X 1002 weiter. Ab 1950 trug er die Betriebsnummer Xk 9132. 1974 erfolgte eine grundlegende Überholung des Räumers mit dem Einbau von elektrohydraulischen Antrieben für die ausfahrbaren Seitenbleche, was die Bedienung und damit die Arbeitsbedingungen für das Personal erheblich verbesserte. Das Fahrzeug kommt auch aktuell noch bei touristischen Extrafahrten zum Einsatz.

Auch in den Stationen, hier »Bernina Hospiz«, gab es (kleinere) Schneewälle, die das Ein- und Aussteigen behinderten. Quelle: Archiv RhB

Technische Daten des X 1002 (Xk 9132 bei der Rh. B.)

Länge über alles	8.950 mm
Höhe	2.810 mm
Gewicht	15,5 t
Höchstgeschwindigkeit	35 km/h
Räumbreite	
bei geschlossenen Pflugwänden	2.500 mm
bei geöffneten	6.000 mm

Der Räumer Xk 9132, gezogen von den ABe 4/4 II 46 und 47, in denen die Teilnehmer saßen, bei einer Extrafahrt in Alp Grüm (Gleis).

Foto: Julian Schönborn, 23.02.2020

3.3 Vom Güter- zum Küchenwagen und danach zur elektrischen Schneeschleuder

1926 führte die BB luxuriös ausgestattete Schnellzüge St. Moritz – Tirano – St. Moritz ein, für die 1928 auch zwei von Mitropa betriebene Speisewagen B4ü 161–62, Saalwagen ohne Küche, in Dienst gestellt wurden sowie der Küchenwagen Xü 31. Der aus dem von SIG 1908 gebauten, geschlossenen Güterwagen verkürzter Bauart K 208 (6,30 m lang) entstandene Wagen hatte wohl die wechselvollste Geschichte eines Schweizer Schienenfahrzeugs. Damit ein gefahrloser Übergang zu den Saalwagen möglich wurde, erhielt er Faltenbalg-Übergänge. Allerdings durfte er die Schweiz nicht verlassen, um wiederkehrende, umfangreiche Grenzformalitäten zu vermeiden, und so ging er im Grenzbahnhof Campo-Cologno von dem einen auf den Gegenzug über.

Als der internationale Verkehr immer stärker ausgedünnt und der Speisewagen-Betrieb 1936 eingestellt wurde, beschloss die BB 1940, den Küchenwagen in der Werkstätte Poschiavo in die elektrische Schneeschleuder Xe 1003 umzubauen, weil der Betrieb der Dampf-Schneeschleudern sehr personalintensiv und kostspielig war und die Importkohle durch den Zweiten Weltkrieg teurer und rarer wurde. An die Stelle der Kochplatten und Kühlschränke trat ein Gleichstrommotor, der im Nebenschlussbetrieb die beiden an einer Front montierten, gegenläufigen Schleuderräder mit einem Durchmesser von je 1.480 mm antrieb. Durch ein bewegliches Auswurfblech konnte der Auswurfstrahl nach rechts oder links gelenkt werden. Bei einer Stundenleistung von 286 kW (390 PS) betrug die Räumbreite 3,10 m, die Räumhöhe etwa 1,60 m, was bei geringeren Schneemengen z. B. im Frühjahr oder Herbst ausreichte. Selbstverständlich waren auch die Faltenbälge und Übergangstüren abgebaut worden.

Das braune Fahrzeug wurde auch statt einer Dampf-Schneeschleuder eingesetzt, um den Schnee, den der Räumer beim Erweitern der Fahrspur auf die Schienen gelegt hatte, abzuräumen. Die benötigte Energie bezog das Fahrzeug über einen eigenen Lyra-Bügel aus der Fahrleitung, aber die nicht selbstfahrende Schleuder musste stets von einem motorisierten Fahrzeug, z. B. der Ge 4/4 82, geschoben werden.

Der Umbau kostete 12.500 CHF, und die leicht zu bedienende, elektrische Zwillings-Schleuder, die auch als »Kaffeemühle« bezeichnet wurde, stand ab 1941 zur Verfügung und reduzierte die Einsätze der Dampf-Schneeschleudern auf extreme Wetterbedingungen oder Lawinen-Niedergänge. Im Laufe der Zeit wechselte das Fahrzeug mehrfach die Betriebsnummer:

K 208	als geschlossener Güterwagen
Xü 31	ab 1928 als Küchenwagen
Xe 1003	ab 1941 als elektrische Schneeschleuder
Xrot e 15	ab 1943 als Fahrzeug der Rh. B.
Xrot e 9215	ab 1954 nach dem neuen Nummernsystem der RhB

1967 endeten die offiziellen Einsätze des Fahrzeugs und die Schleuder war nur noch Ersatz, dennoch wurde 1969 der Lyrabügel durch einen Scherenstromabnehmer ersetzt. 1983 erfolgte der Abbruch.

Länge über alles	6.960 mm
Dienstgewicht	21,5 t
Höchstgeschwindigkeit	35 km/h
Stundenleistung	286 kW
Räumbreite	3.100 mm
Räumhöhe	1.600 mm

Xe 1003, geschoben von einem Triebwagen, in voller Aktion am zugefrorenen Lago Bianco.
Quelle: Archiv RhB

4. Der Winterbetrieb nach der Fusion

Der in der Werkstätte Mesocco gebaute Spurpflug mit dem Triebwagen ABDe 4/4 454 auf der monatlichen Kontrollfahrt bei Leggia auf dem im Winter nicht betriebenen Abschnitt Grono – Cama. Foto: Gian Brüngger, 27.01.1987

Auf den 01.01.1942 wurde die Fusion der Rh. B. mit zwei der drei so genannten Gleichstrom-Bahnen, der Chur–Arosa-Bahn (ChA) und der Bellinzona–Mesocco-Bahn (BM) vollzogen, und am 24.06.1944 stimmten die Generalversammlungen von Rh. B. und BB zu, die Fusion dieser Bahnen rückwirkend auf den 01.01.1943 vorzunehmen. So stand am Ende der 40er Jahre eine größere Zahl von Fahrzeugen zur Verfügung, die sich bereits im Winterdienst bewährt hatten:

- 4 Dampf-Schneeschleudern mit einer Räumbreite von 3,50 m,
- stationiert in Davos, Samedan, Pontresina und Poschiavo,
- 1 elektrische Zwillingsschleuder (Eigenbau der BB), stationiert in Pontresina,
- 7 Schneepflüge, verstellbar auf Räum-Breiten von 2,80 bis 3,80 m,
- stationiert in Landquart, Davos, Arosa, Disentis, Samedan, Pontresina und Poschiavo,
- 8 Spurpflüge, stationiert in Davos, Landquart und Reichenau (je 1), Samedan (2) und auf der
- Bernina-Strecke (3),
- 1 Räumer für die Strecke Pontresina – Poschiavo,
- 3 Klein-Schneeschleudern für den Einsatz in den Bahnhöfen.

Zu Beginn der 1950er Jahre kam noch der S 8618 hinzu, der 1942 von der Rh. B. auf die Strecke Bellinzona – Mesocco versetzt worden war und dort zunächst als Bahndienst-Wagen (»S« stand für Schotterwagen) eingesetzt wurde. Auch wenn die Schneemengen im Misox (Tessin) in der Regel gering sind, entschloss sich das Depot Mesocco, den S 8618 mit einem absenkbaren Spurpflug und in der Fahrzeugmitte beidseitig je einem Seitenpflug auszurüsten (»S« jetzt für Spurpflug), außerdem mit einem kleinen Häuschen für die Bahndienst-Mitarbeiter beim Pflug an der Vorderseite. So wurde das Fahrzeug vor allem für die monatlichen Kontrollfahrten (Schranken und Blinklichtanlagen) oberhalb von Grono bis Cama eingesetzt, weil dort im Winter der Verkehr ruhte. Im Jahre 2000 erfolgte der Abbruch durch die RhB.

Spurpflug Xk 8618 und ABDe 4/4 454 stehen beim provisorischen Betriebszentrum in Grono. Foto: Dr. Markus Strässle, 18.10.1989

Die Crasta-Mora-Lawine, die sowohl im Val Bever als auch im Engadin niederging, hat immer wieder Sorgen bereitet, ist aber heute durch einen Schutzwall gezähmt.
Quelle: Archiv RhB

Der Lawinenwinter 1951 – ein Schrecken ohne Ende

Am 03.01.1951 löste sich 40 m oberhalb von Alp Grüm eine Staublawine, eine Lawine, die in steilem Gelände niedergeht, sich mit Luft mischt und dadurch zu Staub wird, bis zu 200 km/h schnell sein und in Bodennähe einen Druck von mehr als 10 t/qm entwickeln kann. Sie riss bei Km 26,9 nahe dem Bahnhof Alp Grüm den vom Bahndienst benutzten Triebwagen BCe 4/4 9 samt dem angehängten Schneepflug über die beiden neuen Galerien hinaus etwa 150 m in die Tiefe, wo er schwer beschädigt liegen blieb. Die drei Rh. B.-Mitarbeiter im Fahrzeug kamen mit dem Schrecken davon, aber der Bahnmeister, der schon seit April 1918 die Winteröffnung leitete, stand beim Lawinen-Niedergang vor den Fahrzeugen im Gleis, wurde mitgerissen und überlebte den Sturz nicht. Der Triebwagen wurde ab 1953 wieder aufgebaut und zum Hilfstriebwagen Xe 4/4 9920 (in Dunkelgrau) gestaltet.

Die Schneefälle waren im Januar so stark, dass am 19.01. Rekordwerte verzeichnet wurden: Klosters 160 cm, Arosa 220 cm, Davos Laret 240 cm, Davos Platz 179 cm, Preda 156 cm. Samedan 180 cm, Zernez 140 cm. In der folgenden Nacht schneite es weiter, so dass zahllose Lawinen und Schneerutsche zu verzeichnen waren, drei davon auf der rechten Talseite in Davos Monstein. Eine zerstörte am Morgen um 08.45 Uhr das hölzerne Stationsgebäude in Monstein und bedeckte die Gleise auf einer Länge von 390 m Länge und einer Höhe bis zu 9,00 m mit Schnee. Der Stationshalter von Monstein und sein Stellvertreter, die sich im Stationsbüro aufhielten, kamen ums Leben, während die Familie, die Mutter und zwei Töchter, die im Obergeschoß waren, schwer verletzt wurde. Es dauerte bis zum 24.01., bis sich eine Dampf-Schneeschleuder und ein Pflug von Wiesen aus nach Monstein vorgearbeitet hatten, von Davos aus dauerten die Arbeiten bis zum 02.02. Eine Schwierigkeit bei der Räumung bestand darin, dass die Lawinen Bäume und größere Gesteinsbrocken mitgerissen hatten, die z. B. den Dampf-Schneeschleudern Probleme bereiteten. Da sich der Lawinen-Schnee außerdem ständig verhärtete, musste die Bahn Spezialeinheiten des Militärs zur Unterstützung anfordern, die den Schnee mit Sprengungen lockerten. Erst am 09.02. gelang die Freilegung der Bahnstrecke, da für die Fahrrinne rund 5.200 m3 Schnee abtransportiert werden mussten. Der Bahnbetrieb konnte erst am 12.02.1951, also mehr als drei Wochen nach dem Lawinen-Niedergang, wieder aufgenommen werden.

Auf der Strecke Chur – Arosa blieb ein aus Chur kommender Zug etwa 1,7 km vor Langwies vor dem talseitigen Portal des Mattentunnels in einem Schneerutsch stecken. Sektions-Ingenieur Moor, der sich zufällig in diesem Zug befand, konnte mit Unterstützung des Zugpersonals und einiger Reisender den Zug freischaufeln und in den Tunnel vorfahren lassen. Reisende mit gutem Schuhwerk wurden trotz Rutschgefahr in kleinen Gruppen nach Langwies gebracht, die übrigen mussten im Motorwagen, der wenigstens zeitweise geheizt werden konnte, übernachten, bekamen aber durch Ski-Patrouillen warme Verpflegung. Am nächsten Tag legten auch sie den Weg nach Langwies zu Fuß zurück.

Am Wochenende vom 20./21.01. mussten 56 Prozent des gesamten Netzes der Rh. B., also rund 221 km, gesperrt werden, denn mehr als 100 Lawinen oder größere Schneerutsche hatten die Gleisanlagen erreicht und Schäden angerichtet. Schwerpunkte der Unterbrechungen waren der so genannte »Unterschnitt« Davos Platz – Filisur mit der Station Monstein und im Unterengadin der Abschnitt Zernez – Guarda. Mensch und Maschinen, auch die Dampf-Schneeschleudern, waren gefordert: Das Bahnpersonal erbrachte 44.713 zusätzliche Arbeitsstunden, zusätzliche »Hilfsschneeschaufler« 48.713 und das Militär 9.884. Die Gesamtkosten für die Räum- und Instandsetzungsarbeiten beliefen sich auf eine halbe Mio. CHF.

Als Reaktion auf die Ereignisse weitete die Rh. B. ihre Schutzmaßnahmen, z. B. Lawinen-Verbauungen, Schutz-Galerien und -Tunnel, aus, was aber – wie die Schneeräumung selbst – eine Daueraufgabe blieb, auch wenn sich die Schneemengen aufgrund der klimatischen Veränderungen in den letzten Jahrzehnten eher reduziert haben.

Wenn umfangreiche Lawinen mit entwurzelten Bäumen oder großen Gesteinsbrocken niedergehen, bekommen die schienengebundenen Schneeschleudern bisweilen Probleme, dann werden auch Straßen- oder Baufahrzeuge eingesetzt.
Quelle: Archiv RhB

5. Verbleib der Dampf-Schneeschleuder

Xrot d 9213 ist zusammen mit der Gem 4/4 801 bei einer touristischen Extrafahrt beim so genannten Western-Brückchen auf der Alp Bondo unterwegs.
Foto: Hans-Bernhard Schönborn, 07.01.2008

Die Bernina-Dampf-Schneeschleuder Xrot d 9214 mit einem Schiebe-Triebwagen ABDe 4/4 auf dem Langwieser Viadukt, dem ersten Spannbeton-Viadukt dieser Größenordnung bei der ChA. Quelle: Archiv RhB

Die Stammnetz-Dampf-Schneeschleudern, die auch im Winter 1951 ihr Bestes gegeben hatten, blieben noch bis Ende der 50er im »planmäßigen« Einsatz, bildeten aber ab 1958, als die Diesel-Schneeschleuder Xrot m 9216 abgeliefert worden war, die »eiserne Reserve«, zumal auch die Kesselfristen abgelaufen waren.

Die Xrot d 9211 wurde 1966 in Samedan abgebrochen, die 9212 stand zunächst eine Zeitlang in Landquart, ehe sie 1971 zusammen mit anderen RhB-Fahrzeugen von der Museumsbahn Blonay–Chamby (BC) am Genfer See übernommen wurde. Dort erhielt sie für Ausstellungszwecke 1984 einen neuen Außenanstrich, und das Dach wurde frisch verblecht.

Ein weiter Ausflug

Für dringende Aufgaben kamen noch bis gegen Ende der 60er Jahre regelmäßig die beiden BB-Dampf-Schneeschleudern auf dem gesamten Streckennetz zum Einsatz, bis weitere moderne Schneeschleudern, z. B. die Xrot et 9218–9219, abgeliefert wurden. Einer dieser Einsätze fand am 26.01.1968 ganz weit weg von der Heimat statt, als die 9214 – geschoben von Triebwagen ABDe 4/4 – einen Großeinsatz auf der Strecke Chur – Arosa hatte. Denn die Strecke war so stark zugeschneit, dass selbst die leistungsstarke Dampf-Schneeschleuder für den rund acht Kilometer langen Abschnitt Langwies – Arosa mehr als acht Stunden benötigte.

Die erste moderne Schneeschleuder der RhB, die Xrot m 9216, wegen ihrer viel geringeren Größe im Vergleich zu den Dampf-Schneeschleudern auch »Schleuderina« genannt, bei einer Fahrzeug-Ausstellung vor dem Runddepot in Landquart. Foto: Hans-Bernhard Schönborn, 25.06.2011

Die Dampf-Schneeschleuder arbeitet sich zusammen mit ihrem Schiebe-Triebwagen durch die Lawine. Foto: Bernhard Willen, 07.02.2009

Die Dampf-Schneeschleuder kommt wegen der großen Schneemengen erst am Abend in Arosa an. Quelle: Archiv RhB

Der letzte »offizielle« Einsatz

Am Wochenende vom 07./08.02.2009 sollten im Rahmen des Programms »Schnee und Eis« touristische Extrafahrten und Fotografier-Möglichkeiten mit der damals letzten in Europa einsatzfähigen Dampf-Schneeschleuder Xrot d 9213 bis Alp Grüm stattfinden. Wegen der schwierigen Wetterbedingungen und der daraus resultierenden Lawinengefahr mussten die Bernina-Strecke geschlossen und die Aktivitäten der in Pontresina beheimateten Schneeschleuder auf den Raum Morteratsch beschränkt werden, wo allerdings genug

Die Bernina-Räumkomposition nimmt erneut Anlauf, um das harte Geschenk zum 100. Geburtstag aus dem Weg zu räumen.

Schnee lag und die Fotografen zu guten Bildern kamen. Doch es kam noch schlimmer, denn gegen Mittag ging bei der damals neuen Kreuzungsstelle »Alp Nuova« (Km 11,8) eine Lawine mit Geröll und Steinen nieder, so dass die Extrafahrt abgesagt werden musste und die Dampf-Schneeschleuder zu ihrem letzten »offiziellen« Einsatz kam, um ihrer stecken gebliebenen jüngeren Kollegin zu helfen. Schiebe-Triebwagen war der ABe 4/4 II 45. Aus Sicherheitsgründen durften die »Schaulustigen« an dieser Aktion nicht teilnehmen.

Geburtstagsfeiern

Am 16.01.2010 wurde im Bahnhof St. Moritz der 100. Geburtstag der Bernina-Strecke gefeiert. Aus diesem Grunde hatte man einen großen Schnee- und Eis-Block, der wie ein Geburtstagsgeschenk aussah, auf die Einfahrt des Bernina-Teils des Bahnhofs gestellt, den die Xrot d 9213 mit Unterstützung des ABe 4/4 III 53 wegräumen sollte.

Endlich geschafft! Xrot d 9213 und ABe 4/4 III 53 haben den eiskalten, harten Klotz aus dem Weg geräumt. Fotos (2): Hans-Bernhard Schönborn, 16.01.2010

Da der Block sehr massiv war, brauchte es mehrere Anläufe, bis die Maschine ihre Arbeit erledigt hatte, und es kam – sehr zum Ärger des Begleitpersonals – auch zu Beschädigungen am Fahrzeug

Im Dezember 2014 feierte die RhB den 100. Geburtstag der Strecke Chur – Arosa mit einem Volksfest in Arosa. Aus diesem Grunde wurde Xrot d 9213 als gratulierender Gast von Pontresina nach Arosa überführt.

Xrot d 9214 auf einem provisorischen Gleis in Klus bei Balsthal (Kanton Solothurn). Foto: Dr. Markus Strässle, 10.10.1995

Verbleib der BB-Dampf-Schneeschleudern

Während die Xrot d 9213 also noch immer vor allem für touristische Zwecke in ihrem Heimatdepot Pontresina betriebsfähig gehalten wurde, kam die 9214 im Jahre 1990 zur Dampfbahn Furka Bergstrecke (DFB), wobei sich bereits bei der Überfahrt von Disentis nach Realp auf der in Disentis beginnenden Zahnstange herausstellte, dass dieses Fahrzeug aufgrund seines Profils für die Zahnstangen-Strecken nicht geeignet war. So wurde die Xrot d 9214 zeitweise mit anderen ehemaligen RhB-Fahrzeugen, z. B. den früheren Bernina-Speisewagen WR 3813–14, an verschiedenen Orten abgestellt, 1995 auf dem Gelände des früheren Von-Roll-Stahlwerks in Klus nahe Balsthal.

1996 kamen dann die DFB und die BC überein, die Dampf-Schneeschleudern Xrot d 9214 und R 12 zu tauschen, zumal sich die R 12 ja bereits früher bei der FO als streckentauglich erwiesen hatte. Die R 12 wurde zunächst in der Remise Gletsch abgestellt.

Xrot d 9214, museal ausgestellt, auf dem Werkstattgelände der BC oberhalb des Genfer Sees.
Foto: Hans-Bernhard Schönborn, 03.08.2013

5. Verbleib der Dampf-Schneeschleudern

Die Xrot d 9214 erhielt bei der BC ihre ursprüngliche Betriebsnummer 1052 zurück und wurde so umgerüstet, dass sie durch einen Schlauch »Fremddampf« aus der Dampfheizung einer betriebsfähigen Dampflok, z. B. der HG 3/4 3 (Baujahr: 1913) der ehemaligen BFD oder der 1890 gebauten G 3/3 5, »Bercher« der LEB. übernehmen kann und sich das Schleuderrad dreht sowie Dampf aus dem Kamin der Schleuder aufsteigt. Bei dem »Mega Bernina Festival« 2018 konnten HG 3/4 und 1052 dank einer Sonderbewilligung so auf der Strecke der BC bewundert werden.

Parade von Fahrzeugen der früheren BB im Museum Chaulin: Ge 2/2 161, ABe 4/4 35, Ge 4/4 81, Ge 4/4 182 und Dampf-Schneeschleuder 1052 Foto: Alain Candellero, 22.09.2018

Links: Dampf-Schneeschleuder 1052 der BB, geschoben von der Ge 4/4 81 der BB, zwischen dem Viadukt de la Baye de Clarens und Cornaux
Foto: Alain Candellero, 16.09.2018

Unten: Die Dampf-Schneeschleuder 1052 der früheren BB wird mit Fremddampf betrieben und geschoben von der Dampflok HG 3/4 3 der BFD bei Cornaux
Foto: Alain Candellero, 16.09.2018

Die Dampflok H 3/4 1, heute Eigentum der DFB, bringt die R 12 talwärts nach Realp DFB, nachdem die Schleuder und der Tender in der Station Furka DFB gewendet worden waren. Foto: Martin Horath, 02.09.2002

Restaurierung der R 12 bei der DFB

Da es bei der DFB nur sehr wenige gedeckte Abstellplätze gab, begann eine Diskussion, das Fahrzeug zu verkaufen oder zu verschrotten, weil es in dem damaligen Zustand für die Bahn nichts brächte. Doch eine Gruppe Interessierter widersetzte sich diesen Überlegungen und transportierte den »rotierenden Schneepflug«, wie er auf den Zeichnungen des Herstellers SLM genannt wurde, nach Goldau in die dortige Werkstätte, um ihn zu restaurieren. Die R 12 sollte in den ursprünglichen, betriebsbereiten Zustand versetzt werden, die Arbeiten sollten nach drei bis vier Jahren beendet sein.

Am 02.09.2002 schob die Dampflok HG 3/4 1 die Schneeschleuder in Richtung Realp, wobei in der Station Furka Tender und Schleuder getrennt und beide Fahrzeuge auf der dortigen Drehscheibe gewendet wurden, damit die Lok aus Sicherheitsgründen talwärts war. Von Realp aus ging der Transport per Tieflader weiter. Ende 2002 begannen die aufwändigen Arbeiten, die viel länger als geplant dauerten: das vollständige Zerlegen des Fahrzeugs, das Reinigen, Sandstrahlen und Neulackieren der Einzelteile, das Ersetzen verschiedener Armaturen, das vollständige Zerlegen des Tenders usw. Und ein Problem bereitete sehr großes Kopfzerbrechen: Das Bundesamt für Verkehr (BAV) bestand auf dem Einbau eines Brems-Zahnrades in den Tender.

Am 20. November 2019 wurde der möglichst originalgetreu restaurierte Schleuder-Teil nach Realp transportiert und in der neuen DFB-Wagenremise witterungsgeschützt untergestellt, wo weitere Arbeiten z. B. am Führerstand erfolgten.

Der »Schleuder-Teil« der vollständig restaurierten und frisch lackierten R 12 vor der Werkstätte in Goldau, es fehlt nur noch die Holzverkleidung.

Foto: Martin Horath

Detailblick auf den Führerstand, in dem die Arbeiten mit großer Sorgfalt erfolgten, wie die Teppiche zeigen, oben eines der runden Fenster.
Foto: Hans-Bernhard Schönborn, 04.01.2020

Gesamtüberblick über den Führerstand der R 12 mit den beiden kleinen runden Fenstern.
Foto: Julian Schönborn, 04.01.2020

Blick auf das Schleuderrad der R 12 und das Dreispitzsignal darüber; der am Schleuderrad befestigte Puffer ist nur ein Provisorium, um das Fahrzeug im Depotbereich rangieren zu können. Foto: Julian Schönborn, 04.01.2020

Am 1. Dezember 2020 kam auch der Tender in Realp an, dessen Untergestell neu konzipiert worden war, um die vom BAV verlangte Zahnradbremse einbauen zu können. Zehn Tage später wurde das nun vollständige Fahrzeug angeheizt, so dass eine spontane Probefahrt möglich wurde, die erfolgreich verlief.

Am 23. und 24.04.2021 erfolgten weitere Testfahrten mit der mittlerweile revidierten und in der Schweiz zugelassenen HG 4/4 704 als Schiebe-Dampflok. Ende April begutachtete der Kessel-Inspektor das Fahrzeug im Betrieb und hatte keine Einwände. Es folgten Bremsproben auf einer Adhäsionsstrecke mit 35 Promille Neigung, einem Zahnstangenabschnitt mit 100 Promille statt, außerdem eine »Test-Räumung« im harten Frühlingsschnee – alles ohne Probleme, sogar wenn der Personenwagen B 4222 als zusätzliche Last mitgenommen wurde. Auch der Hilfsantrieb

Blick auf das sorgfältig lackierte Innere der Dampf-Schneeschleuder R 12 mit dem Kessel in der Wagenremise in Realp DFB.

Foto: Hans-Bernhard Schönborn, 04.01.2020

der Lok funktionierte einwandfrei. Die Zahnrad-Bremse ist in den Tender eingebaut und 2021 der Antrag auf eine Betriebsgenehmigung an das BAV gestellt. Wenn das BAV diese Genehmigung erteilt, sind für das Frühjahr 2022 erste Einsätze mit einer Schneeräumung auf der Furka-Bergstrecke geplant.

Aus den angedachten vier sind mehr als 18 Jahre geworden, aber das Ergebnis ist die Verzögerung wert: In der Schweiz gibt es eine zweite betriebsfähige und zugleich historische Dampf-Schneeschleuder.

Die Xrot d 9213

Die Bernina-Dampf-Schneeschleuder war jahrelang bei interessanten touristischen Extrafahrten im Einsatz, bis die Corona-Pandemie solche Fahrten ziemlich abrupt beendete. 2020 benötigte außerdem der Tender eine größere Reparatur (Radbandagen, Wasserkasten), die inzwischen abgeschlossen ist. Zudem wurden an der Schleuder selbst größere Schäden festgestellt, deren Reparatur etwa 250.000 CHF kosten dürfte. Die Finanzierung wird zurzeit (Sommer 2021) abgeklärt. Das Fahrzeug kann jedoch frühestens im Winter 2022/23 wieder in Betrieb genommen werden.

Der (hoffentlich nicht letzte) Dienstzug für die Rückfahrt nach Pontresina in Ospizio Bernina zusammengestellt: Xrot d 9213, Ge 4/4 182, Gem 4/4 802, ABe 4/4 II 47, ABe 4/4 II 46, Xk 9132.
Foto: Marisa Schönborn, 23.02.2020

802

Dampf-Schneeschleuder Xrot d 9213 steht auf der Ausfahrt der gedeckten Drehscheibe in Ospizio Bernina, auch das Streckengleis ist überdacht.
Foto: Hans-Bernhard Schönborn, 23.02.2003

Xrot d 9213 und Schiebe-Lok Gem 4/4 802 unterhalb eines Schneefang-zaunes am Lago Bianco. Foto: Hans-Bernhard Schönborn, 07.01.2008

Morgens in Pontresina: Hinten die Dampf-Schneeschleuder, davor der Begleitzug aus den gelben ABe 4/4 34 und 32 sowie einem offenen Aussichtswagen. Foto: Hans-Bernhard Schönborn, 07.01.2008

Xrot d 9213 und Schiebe-Lok Gem 4/4 801 in voller Fahrt. Foto: Hans-Bernhard Schönborn, 14.02.2004

Die Dampf-Schneeschleuder am Lago Bianco in voller Aktion. Foto: Hans-Bernhard Schönborn, 26.01.2002

Die Schleuder dampft die erste größere Steigung zwischen Morteratsch und Bernina Sout hinauf.
Foto: Hans-Bernhard Schönborn, 26.01.2002

Nach einer Kreuzung mit einem Planzug in Richtung Pontresina verlassen die Triebwagen ABe 4/4 II 47 und 46 mit dem Räumer X 9132 die Ausweichstelle Alp Nuova, gefolgt von der Dampfschneeschleuder mit der Schiebe-Lok Gem 4/4 802. Foto: Julian Schönborn, 23.02.2020

Die Rangierfahrt in das Depot unternimmt die Xrot d 9213 rückwärts und alleine, zwei Mitarbeiter schauen genau, wohin die Fahrt geht.
Foto: Marisa Schönborn, 23.02.2020

Der Schornstein des Depots raucht, das heißt, die Dampf-Schneeschleuder wird angeheizt; zwei Begleit-Triebwagen und ein Spurpflug mit Traktor stehen schon bereit. Foto: Julian Schönborn, 23.02.2020

6. Die Nachfolger

Schleuder-Einsatz der Xrot m 9216 mit einem Schiebe-Triebwagen auf der Strecke Chur – Arosa.

Quelle: Archiv RhB

Die »Schleuderina« Xrot m 9216 steht in Landquart.
Foto: Bernhard Willen, 16.07.2008

6.1 Die Diesel-Schneeschleuder Xrot m 9216

Als sich in den 50er Jahren bei den Dampf-Schneeschleudern das Alter bemerkbar machte und die Unterhaltskosten zunahmen, sah man sich bei der Direktion der RhB nach einem neuen Konzept für die Schneeräumung um: Dabei standen vor allem zwei Unternehmen zur Auswahl, nämlich Rolba in Wetzikon (Kanton Zürich), das ein System von Walzfräsen anbot, und Beilhack in Rosenheim (D), das sich auf Stirnrad-Schleudern spezialisiert hatte. Das System Leslie, das sich bei den Dampf-Schneeschleudern sehr gut bewährt hatte, kam nicht mehr in Frage, weil sehr hohe Schubkräfte erforderlich waren.

Nach einer gründlichen Evaluation wurde schließlich eine Schleuder von der Firma Robert Aebi (RACO) in Regensdorf (Kanton Zürich) gebaut, wobei Beilhack das Schleuderaggregat lieferte. Grundidee bei der neuen Art von Schneeschleudern war, dass das regelmäßige Wegschleudern der Schneewälle, die auf beiden Seiten der Gleise von den Spurpflügen angehäuft worden waren, effizient sei. Man ging von der Überlegung aus, dass der Einsatz eines Spurpfluges vor planmäßigen Zügen die günstigste Variante der Schneeräumung sei. Auch würde dann eine kleine Schleuder für die Beseitigung der angehäuften Schneewälle ausreichen.

In der Entwicklungsphase schlug Beilhack vor, die Schleuderräder seitlich ausfahrbar zu gestalten, so dass die Schleuderbreite variabel war. Die RhB stand dieser Idee zunächst skeptisch gegenüber, weil man an der mechanischen Stabilität der Konstruktion zweifelte. Heute sind jedoch ausfahrbare Schleuderräder beinahe Standard. Das Fahrzeug wies schließlich eine Leistung von 200 kW bei einem Schleudervolumen von bis zu 3.000 t/h bei einer Höhe von 1,94 m und einer Breite von maximal 4,00 m auf.

Die Schneeschleuder kann auf ihrem Drehgestell um 180 Grad gedreht werden, benötigt also keine Drehscheibe, dafür eine Schiebelok, weil die gesamte Leistung des Dieselmotors für den Antrieb der beiden Schleuderräder verwendet wird.

Das Fahrzeug, das – verglichen mit den Dampf-Schneeschleudern – recht klein war, bekam bald den Spitznamen »Schleuderina« und wurde zunächst für die Schneeräumung auf der Albula Nordseite eingesetzt. Später war es im ehemaligen ChA-Depot Chur Sand stationiert und häufig auf der Strecke Chur – Arosa anzutreffen.

2015 übernahm die DFB die Schleuder, wo sie zusammen mit dem »Diesel-Krokodil« Gm 4/4 71 für die Räumung der Depotanlagen und des Bahnhofs Realp DFB zuständig ist.

Oben: **Schneeschleuder Xrot m 9216 und Diesellok Gm 4/4 71 stehen auf der im Winter nicht benutzten Ausfahrweiche aus dem Bahnhof Realp DFB für Einsätze bereit.** Foto: Bernhard Ledermann, 11.03.2017

Rechts: **Im Sommer ist die Xrot m 9216 arbeitslos und steht auf einem Abstellgleis im Bahnhof Realp DFB.** Foto: Hans-Bernhard Schönborn, 29.08.2017

Technische Daten

Spurweite	1000 mm
Hersteller	RACO, Beilhack
Baujahr	1958
Länge	7.600 mm
feste Breite	2.900 mm
Höhe	3.600 mm
Dienstmasse	15,0 t
Vmax	50 km/h
Stundenleistung	162 kW
Motorentyp	Deutz A 12 L 614

Der erste planmäßige Regionalzug nach Tirano mit dem Xk 9143 vor dem »Allegra« ABe 8/12 3506 hat einen längeren Zwischenstopp in Alp Grüm, weil in den letzten Wagen der Kehricht vom Hotel-Restaurant eingeladen wird; das Zugpersonal genießt einen Kaffee.

Foto: Hans-Bernhard Schönborn, 31.12.2014

Mit so viel Schnee kaum noch sichtbar, der Xk 9143, eingesetzt mit dem Tm 2/2 113 für die Schneeräumung im Bahnhof Pontresina.

Foto: Bernhard Willen, 07.04.2008

6.2 Der Pflug X 9141

1966 erschien der Prototyp eines Spur- / Schneepfluges, der X 9141, auf den Gleisen der RhB. Das Fahrzeug wurde speziell nach den Bedürfnissen der RhB von dem Schweizer Unternehmen für Schienenfahrzeugbau Stadler in Bussnang konstruiert. Es besitzt vorne und hinten je einen kräftigen Schneepflug, muss also nicht gewendet und kann auch gezogen werden. Außerdem ist zwischen den beiden Achsen ein hydraulisch heb- und senkbarer Spurpflug angebracht. Den Öldruck für die Hydraulik erzeugt das Fahrzeug selbst in einem Pumpen-Aggregat durch einen Achsantrieb. Die Steuerung des Spurpfluges erfolgt über ein Kabel aus dem Führerstand des Schiebe-Fahrzeugs oder Lokomotive des planmäßigen Zuges.

Zunächst stand das Personal dem neuen Fahrzeug eher skeptisch gegenüber, doch es bewährte sich gut und wurde immer beliebter, so dass 1968 drei weitere und bis 1989 noch einmal drei Spurpflüge angeschafft wurden, die sich

Der Xk 9143, einem planmäßigen Regionalzug mit den ABe 4/4 II 41 und 45 vorgespannt, in Morteratsch; der Bahndienst-Mitarbeiter beobachtet stehend den Pflug.

Foto: Bernhard Willen, 12.12.2008

vom Prototyp nur geringfügig unterschieden. Wird einer der auf dem ganzen RhB-Netz verteilten Pflüge, die vom Personal auch »Spurin« genannt werden, einem planmäßigen Zug vorangestellt, z. B. häufiger auf der Bernina-Strecke wegen der Schneeverfrachtungen durch Wind, fährt außer dem Lokführer ein streckenkundiger Bahndienst-Mitarbeiter zur Bedienung des Pfluges mit.

Die alten Schneepflüge der RhB wurden nach und nach verkauft oder verschrottet.

Technische Daten

Spurweite	1000 mm
Hersteller	Stadler, Bussnang
Achsformel	2
Länge	7.340 mm
Gewicht	9,4 t
Vmax	60 km/h

Zwei Personen im eigentlich ergonomischen Führerstand eines »Allegra« ABe 8/12, links der Lokführer und rechts der Bahndienst-Mitarbeiter, ist doch etwas eng; planmäßiger Zug auf der Strecke in Richtung Morteratsch mit vorgespanntem Spurpflug.

Foto: Hans-Bernhard Schönborn, 30.12.2014

Manchmal wirbelt der vorgespannte Pflug so viel Schnee auf, dass die Sicht des Lokführers behindert wird, hier in Scala bei dem alten Weichensteller-Häuschen von der früheren Strecke.

Foto: Bernhard Willen, 24.01.2007

Auch die FO stellte am 17.12.1976 ein ähnliches Fahrzeug in Dienst, den X 4904, der zunächst in Andermatt, ab 1989 in Disentis stationiert wurde.

Spurpflug X 4904 der ehemaligen FO in der Remise in Disentis, dahinter eine Zahnrad-Diesellok HGm 4/4.

Foto: Hans-Bernhard Schönborn, 28.01.2017

6.3 Die elektrischen Schnee-schleudern Xrot et 9218–9219

Da die »Schleuderina« für große Schneemengen und die Räumung von Lawinen nicht geeignet war, beschaffte die RhB Ende der 60er Jahre bei Beilhack zwei für das Stromsystem der Bernina-Linie ausgerüstete elektrische Schneeschleudern. Außerdem hatte man festgestellt, dass Dieselmotoren bei großer Kälte bisweilen Probleme haben. Die Schneeschleudern sollten nicht selbstfahrend sein, aber einen Führerstand besitzen (deshalb »t«), von dem aus das Schiebefahrzeug, meist ein Personen-Triebwagen ABe 4/4 II oder eine Gem 4/4, bedient werden konnte. Dadurch ließ sich Personal einsparen. Außerdem forderte das Pflichtenheft, dass beim Ausfall der Fahrleitung der Betrieb immer noch möglich sein sollte, ebenfalls der Einsatz auf dem Stammnetz.

Zur Erfüllung des Pflichtenheftes waren die Zweisystem-Lokomotiven Gem 4/4 801–802, welche die RhB 1968 speziell für die Bernina-Strecke in Betrieb genommen hatte, bestens geeignet, denn sie konnten unter Gleichstrom von 1.000 V fahren und verfügten über zwei Diesel-Motoren, die mit Gleichstrom-Generatoren gekoppelt waren. Wenn die Gem 4/4 als Schiebeloks für die Xrot et eingesetzt wurden, verkehrten entweder beide Fahrzeuge mit gehobenen Pantographen – auch die Xrot et hatten einen eigenen – oder wenn kein Strom aus der Fahrleitung zur Verfügung stand, versorgte einer der beiden Diesel-Motoren die Xrot et über das Kabel, das auch zur Fernsteuerung diente, mit Strom, der andere die Gem 4/4. Auf diese Weise waren die beiden Schneeschleudern auf dem gesamten RhB-Netz einsetzbar, auch auf der damals noch mit Gleichstrom elektrifizierten Strecke Chur – Arosa. Sie waren also ein optimaler, personal- und kostensparender Ersatz für die Dampf-Schneeschleudern.

Xrot et 9218 und Schiebe-Triebwagen ABe 4/4 II 48 auf der Strecke in Richtung Morteratsch, alle Pantographen gehoben. Quelle: Archiv RhB

9218
RhB

Xrot et 9218, von einer Gem geschoben, arbeitet mit gesenkten Pantographen in Alp Grüm.

Foto: Bernhard Willen, 28.11.2003

Xrot et 9219 und Zweisystem-Lok Gem 4/4 mit gehobenen Pantographen in Pontresina.

Foto: Hans-Bernhard Schönborn, 17.09.2010

Xrot et 9218 und Gem 4/4 801, beide mit gesenkten Pantographen, lassen einen Regionalzug kreuzen. Foto: Hans-Bernhard Schönborn, 05.04.2010

Aufgrund der ausfahrbaren Seitenraffer ließ sich die Räumbreite auf 3,60 m erweitern, so dass die Räumleistung bei 6.000 t/h lag. Der gesamte Aufbau war auf dem Drehgestell um 180 Grad drehbar.

Anfangs hatten die Fahrzeuge das Problem, dass zu viel Flugschnee durch die Frischluftkühlung in den Motorenraum gelangte, was aber durch die Umstellung von Frisch- auf Umluft bereinigt werden konnte, denn bei den Minus-Temperaturen im Winter ist auch die Umluft kühl.

Technische Daten

Spurweite	1000 mm
Anzahl	2
Hersteller	Beilhack
Baujahr	1967
Länge	9.100 mm
Höhe	3.730 mm
Fahrzeug-Breite	3.060 mm
Räum-Breite	3.600 mm
Dienstmasse	24,5 t
Vmax	50 km/h
Stundenleistung unter Fahrleitung	2 x 257 kW
mit Gem 4/4	2 x 195 kW

2015 wurde die Xrot et 9219 von der FO übernommen, dort zur Diesel-Schleuder Xrot m 4936 umgebaut, die in Disentis als Ersatz für eine ältere, kleinere Schleuder stationiert wurde.

Die Disentiser Schneeräumgarnitur, bestehend aus einem modernen Schneepflug, der HGm 4/4 62 und der Xrot m 4936, »Tschamut«, hatte dem Regionalzug den Weg vom Oberalp-Pass gebahnt und lässt ihn in Sedrun überholen.

Foto: Hans-Bernhard Schönborn, 03.01.2018

Sedrun
Restaurant
matterhorn gotthard bahn
Xrotm 4936

Die schwere Andermatter Schneeräumgarnitur, bestehend aus Xrot m 4934, einer HGm 4/4 und dem Pflug X 4908, steht nach ihrer frühmorgendlichen Arbeit auf Gleis 1 des Bahnhofs. Foto: Hans-Bernhard Schönborn, 26.01.2002

6.4 Die Diesel-Schneeschleuder Xrot mt 9217

Nachdem die Stammnetz-Dampf-Schneeschleudern außer Betrieb gesetzt worden waren, gab es bei stärkeren Schneefällen, die aufgrund der Wetterlage häufiger auf der Prättigauer, Aroser und Albula-Linie gleichzeitig auftraten, nicht genügend leistungsstarke Schneeschleudern, weil die »Schleuderina« nicht überall sein konnte.

Geplant war deshalb die Beschaffung von zwei Diesel-Schneeschleudern, die später auf eine reduziert wurde, wobei sich die FO mit einem Fahrzeug anschloss, der in Andermatt stationierten Schleuder Xrot m 4934.
Beide Xrot m waren nicht selbstfahrend und besaßen kein Zahnrad, weil der Einbau eines Zahnrades technisch zu aufwändig und kostspielig geworden wäre. Durch diese Kooperation konnte die RhB rund eine halbe Mio. CHF einsparen. Zum gleichen Zeitpunkt bestellten die Norwegischen Staatsbahnen NSB beinahe baugleiche Schneeschleudern, die aber normalspurig und selbstfahrend waren.

Am 13.10 1980 wurde das Fahrzeug von Beilhack in die Hauptwerkstätte Landquart geliefert, wo die Montage und Verkabelung der größtenteils von der RhB entwickelten elektrischen Bauteile stattfand. Auch die innere Gestaltung der Führerkabine erfolgte unter Einbezug des Personals weitgehend nach den Vorstellungen der RhB, wobei ein Modell im Maßstab 1 : 1 gebaut und die Anordnung, Art und Ausführung der Apparate im Modell getestet wurden. Nach Abschluss der Montage-Arbeiten und Tests konnten am 20.02.1981 die ersten Schleuderversuche stattfinden.

Zunächst wurden die 1973 bestellten Gm 3/3 231–233 als ferngesteuerte Schiebe-Lokomotiven eingesetzt, später auch Gmf 4/4. Um die Schleuderräder anzutreiben, baute man zwei Dieselmotoren von Deutz mit einer Leistung von je 334 kW ein. Wie die elektrischen Schleudern Xrot et konnte auch die Xrot mt auf dem Drehgestell um 180 Grad gewendet werden, außerdem ließen sich Komponenten der Schleuderräder mit den Bernina-Schleudern austauschen. Die Fahrzeuge besaßen mit ausgefahrenen Rafferblechen eine Räumbreite von bis zu 4,60 m und eine Räumhöhe von 2,50 m, was eine Räumleistung von 11.700 t/h ergab – eine neue Dimension bei der RhB.

Um die Sichtverhältnisse zu verbessern, wurde später eine Kamera samt einem Monitor im Führerstand eingebaut.

Technische Daten

Spurweite	1000 mm
Hersteller	Beilhack
Baujahr	1981
Länge	11.000 mm
Fahrzeug-Höhe	3.770 mm
Räum-Höhe	2.500 mm
Fahrzeug-Breite	3.060 mm
Räum-Breite	bis 4.600 mm
Dienstmasse	38 t
Vmax	50 km/h
Stundenleistung	2 x 334 kW
Motorentyp	2 x Deutz BF 12 L413F

Xrot mt 9217, geschoben von der ursprünglich für den Bau des Vereina-Tunnels beschafften Gmf 4/4 243, in Pontresina. Foto: Bernhard Willen, 07.02.2009

A
Vorsicht!
Vorsicht!
UGG

Xrot mt 9217 vor der Hauptwerkstätte in Landquart, angeschnitten die Gm 3/3 233. Foto: Hans-Bernhard Schönborn, 04.03.2014

Links: **Beeindruckend, wenn die Xrot mt 9217 die Schleudern und die Seitenraffer ausgefahren hat, davor wirkt die Kleinschleuder wirklich winzig, aufgenommen in der Hauptwerkstätte Landquart anlässlich »125 Jahre RhB«.** Foto: Hans-Bernhard Schönborn, 10.08.2014

Seitenansicht der zweiachsigen Schneefräse für den Gleisbereich der Autoverladestationen in Davos Platz. Foto: Hans-Bernhard Schönborn, 20.08.2014

6.5 Die erste RhB-Schneefräse Xrot m 9214^{II}

Als der Vereina-Tunnel mit den beiden Auto-Verladestationen (Klosters-) Selfranga und Saglians (im Engadin) 1999 eröffnet worden war, zeigte sich sehr bald, dass nicht genügend Schneeschleudern zur Verfügung standen, um die Gleise der Verladestationen zu räumen. Ein funktionierender Autoverlad musste aber gewährleistet sein, da der Flüela-Pass zwischen dem Prättigau und dem Engadin im Winter geschlossen ist. Daher entschied die RhB, bei der Schweizer Firma Zaugg ein Schleuder-Aggregat mit zwei nebeneinander angeordneten Fräswalzen zu bestellen, mit dem die erste Schneefräse der RhB entstand. Das Aggregat wurde auf den zweiachsigen Unterbau des abgebrochenen Güterwagens Gbk-v 5606 (Baujahr 1913) aufgesetzt und erhielt in einer Zweitbelegung die Betriebsnummer 9214^{II}. Die ursprüngliche 9214 ist ja die Bernina-Dampf-Schneeschleuder, die sich bei der BC befindet.

Im Winter ist das nicht selbstfahrende Fahrzeug in Davos Platz beheimatet und kommt von dort aus vor allem für die Räumung der beiden Verladestationen zum Einsatz. Die Räumleistung beträgt 5000 t/h.

Technische Daten

Spurweite	1000 mm
Hersteller	Zaugg AG Eggiwil
Baujahr	2001
Achsformel	2
Dienstmasse	16 t
Vmax	50 km/h (geschleppt)
Stundenleistung	500 kW

Frontansicht der nicht selbstfahrenden Schneefräse Xrot 9214" in Landquart. Foto: Bernhard Willen, 07.06.2017

Schneefräse 954 02 und Traktor Tmf 2/2 86 auf dem Abstellbereich in Thusis. Foto: Hans-Bernhard Schönborn, 11.02.2013

6.6 Die Schneefräsen Xrot mt 954

Als bisher letzte Generation von Schneeräum-Fahrzeugen lieferte die Firma Zaugg in Eggiwil zwischen 2010 und 2012 insgesamt vier Fahrzeuge des Typs Xrot mt 954 an den Geschäftsbereich Infrastruktur der RhB, die etwas kleineren Fahrzeuge mit den Fahrzeugnummern 01–02 für die Albula-Linie sowie die Strecken nach Arosa bzw. Disentis, die beiden großen mit den Fahrzeugnummern 03–04 für die Bernina-Strecke.

Im Gegensatz zu den früheren Schleudern (außer der Xrot m 9214^{II}) verfügen die Xrot mt 954 über keine Schleuderräder, sondern über zwei von je einem Dieselmotor angetriebene Räumaggregate, die in der Breite und der Höhe verstellt werden können. Die Aggregate weisen bei den Nrn. 01 und 02 je eine Fräswalze, bei den Nrn. 03 und 04 je zwei Fräswalzen übereinander auf.

Das Räumen erfolgt in zwei Arbeitsgängen des gleichen Fahrzeugs: Zunächst sind die Fräsen eng beieinander und räumen eine Rinne in Fahrzeugbreite, also etwa 3,00 m, danach werden sie auseinandergefahren und räumen das Gleis bis zu einer Breite von 6,00 m.

Um Schäden an der Infrastruktur zu vermeiden, sind an den Fahrleitungsmasten Orientierungstafeln über die erlaubten Räum-Maße angebracht. Außerdem unterstützt die von Siemens entwickelte »Radio Frequency Identification« (RFID) das Personal, indem sie die Räumbreite und -höhe automatisiert steuert.

Die Fräsen sind nicht selbstfahrend, sondern benötigen ein Schiebefahrzeug, das über Kabel oder Funk ferngesteuert wird, oft eine moderne Gmf 4/4 234 01–04, auf der Bernina-Strecke auch eine Gem 4/4 und auf den anderen Strecken einen fernsteuerbaren Traktor Tmf 2/2.

Die Räumaggregate der Bernina-Fräse sind seitlich auseinander und hochgefahren, Fahrzeug-Ausstellung in Landquart. Foto: Hans-Bernhard Schönborn, 25.06.2011

Führerstand einer Bernina-Fräse, die in Poschiavo stationiert ist. Foto: Hans-Bernhard Schönborn, 06.01.2018

Die Bernina-Fräse Xrot mt 954 03 wird in Poschiavo auf ihrem Untergestell gedreht.

Foto: Bernhard Willen, 01.04.2016

Xrot mt 954 04 und Schiebe-Lok Gmf 4/4 234 03 haben in Ospizio Bernina eine Pause.

Foto: Hans-Bernhard Schönborn, 15.02.2016

Und so besteht die Besatzung einer Xrot mt aus dem Triebfahrzeug-Führer und einem Bahndienst-Mitarbeiter für die Fräsaggregate. Die Fahrzeuge besitzen eine hydraulische Hub- und Wendevorrichtung (um 180 Grad), aber – wie alle Schleudern – nur eine Stoß- und Anhängevorrichtung am Heck.

Technische Daten

	01–02	03–04
Spurweite	1000 mm	1000 mm
Einsatzort	Stammnetz	Bernina-Strecke
Hersteller	Zaugg AG	Zaugg AG
Baujahr(e)	2012	2010/11
Länge	10.000 mm	10.240 mm
Fahrzeug-Höhe	3.780 mm	3.780 mm
Räum-Höhe	2.200 mm	4.600 mm
Fahrzeug-Breite	2.700 mm	3.000 mm
Räum-Breite	2.700 – 4.600 mm	3.000 – 6.000 mm
Dienstmasse	30 t	31 t
Stundenleistung	450 kW	2 x 450 kW
Motorentyp	Mercedes-Benz	
Räumleistung	3.500 t/h	8.500 t/h

Ein Bild mit Seltenheitswert: Die beiden Bernina-Fräsen 03 und 04 sind zusammen mit der Gem 4/4 801 in Pontresina für Personal-Instruktionen. Foto: Hans-Bernhard Schönborn, 21.10.2015

Drei Generationen auf einem Bild in Pontresina: Dampf-Schneeschleuder Xrot d 9213, Xrot et 9218 und eine fabrikneue Bernina-Fräse. Quelle: Archiv RhB

Spurpflug Xk 9145 und Traktor Tmf 2/2 88 vor der Remise in Bergün / Bravuogn Foto: Hans-Bernhard Schönborn, 26.02.2008

Im Bahnhofsbereich, hier Ospizio Bernina, sind noch immer Handarbeit und der Einsatz von Kleinfräsen erforderlich.
Foto: Hans-Bernhard Schönborn, 23.02.2009

Die kleinere Xrot mt 954 02, ein Flachwagen des Geschäftsbereichs Infrastruktur und der Tmf 2/2 86 auf einem Abstellgleis in Thusis
Foto: Hans-Bernhard Schönborn, 01.04.2013

Xrot mt und Gmf 4/4 II in Alp Grüm, im Schnee sind deutlich die Spuren der übereinander angeordneten Fräsen zu sehen
Foto: Hans-Bernhard Schönborn, 05.01.2018

Xrot mt 954 03 und Schiebelok Gem 4/4 801 legen in Ospizio Bernina eine Pause ein Foto: Hans Bernhard Schönborn, 01.04.2013

Schneefräse Xrot mt 954 03, Schnee-/Spurpflug Xk 9143, Triebwagen ABe 4/4 II 46 in der Einstellhalle Pontresina
Foto: Bernhard Willen, 26.12.2019

Links: **Wie sich die Zeiten ändern: Die Xrot et 9218 bei der Ausfahrt aus der gedeckten Drehscheibe in Ospizio Bernina**
Quelle: Archiv RhB

Um den Schnee in Bahnhöfen zu räumen, setzt die RhB auch Baufahrzeuge ein.

Foto: Bernhard Willen, 17.01.2014

6.7 Blick in die Zukunft

Dank der leistungsfähigen Schneefräsen Xrot mt 954 ist zurzeit für die Räumung auf den Strecken Vorsorge getroffen. Ein zu beachtendes Problem stellt hingegen das Räumen der Gleise in Bahnhöfen und Stationen sowie den Güterumschlag-Anlagen dar sowie das Entsorgen des Schnees dort und auf den Zufahrtsstraßen. Hier dürften sich die Schwierigkeiten nur durch weitere Mechanisierungen lösen lassen.

Ein Zug zum Wegfahren vom Schnee in Alp Grüm: Spurpflug Xk 9144, Diensttriebwagen Xe 4/4 232 01 und vierachsiger Niederbordwagen mit Schnee.

Foto: Hans-Bernhard Schönborn, 03.04.2014

Die RhB setzt zwar schon zahlreiche Klein-Schneeschleudern ein und spezielle Fahrzeuge für den Abtransport des Schnees sowie Bürstenschleudern zur Reinigung der Weichenanlagen, aber in diesen Bereichen dürfte noch einiger Erfindergeist gefragt sein. Ein nicht zur übersehendes Problem liegt darin, dass die Vorkehrungen in milden Wintern ungenutzt bleiben, was sich auf die Kosten-Nutzen-Analysen negativ auswirkt.

Eine der beiden Stammnetz-Dampf-Schneeschleudern befreit ein Abstellgleis in Davos Laret vom Schnee.

Foto: Archiv RhB

Im Rahmen einer touristischen Extrafahrt räumt die Xrot d 9213 als Alleinfahrer für die Fotografen die Gleise.

Foto: Hans-Bernhard Schönborn, 26.01.2002

Um im Stationsbereich den Schnee von den Gleisen zu räumen, werden bisweilen Dienstzüge eingesetzt, die aus einem Spurpflug, einem Triebfahrzeug (hier dem AB 4/4 II 49) und einem Flachwagen für den Abtransport des Schnees bestehen. Foto: ©ditu65 - stock.adobe.com

Ein stimmungsvolles Bild der Xrot d 9213 als Alleinfahrer auf dem Streckenabschnitt Morteratsch-Bernina Suot auf einer Brücke über die Ova da Bernina. Foto: Archiv RhB

Die Dampfschneeschleuder Xrot d 9213 ist mit der Schiebelock Gem 4/4 802 auf der Strecke über die Alp Bondo unterwegs. Zeitweise besaß dieser Abschnitt sogar eine Ausweichstelle. Sie wurde 1934 angelegt, um die Bahn von den Lavinenhängen wegzuführen. Foto: ©Simone Polattini - stock.adobe.com